Sigrid Hennke

Echt coole Freundschaftsbänder

Sigrid Hennke

Echt coole Freundschaftsbänder

Schritt-für-Schritt-Anleitungen
Mit Garn für ein Band

Augustus Verlag

Inhalt

Vorwort

Vor etwa fünf Jahren knüpfte ich mein erstes Freundschaftsband nach einem einfachen Muster, das ich bei einer Reisegefährtin abschaute. Sie erklärte mir auch, was es mit diesen Bändern auf sich hat: Als Symbol der Freundschaft binde es eine Person der anderen um, und der Beschenkte müsse es dann so lange tragen, bis es von selbst wieder »abfällt«.

Mittlerweile bin ich dem »Knüpf-Fieber« verfallen, nachdem ich nach und nach entdeckt hatte, wie unendlich vielfältig bei dieser Technik die Gestaltungsmöglichkeiten sind. Allein schon durch Variation der Farben eröffnen sich Hunderte von Kombinationen, auch wenn man nur ein einziges Muster kennt. Hat man dann aber nach den einfacheren auch die schwierigeren Musterarten kennengelernt, sind der Phantasie keine Grenzen mehr gesetzt: Mit etwas Einfallsreichtum und Experimentierfreude können ganz eigene »kleine Kunstwerke« entstehen, die als Geschenk umso bedeutungsvoller werden.

Schön wäre es, wenn die hier vorgestellten neuen Modelle zunehmend auch zu individuellen Kreationen und Verwendungsideen anregen würden. Denn neben Arm-, Fuß-, Hals-, Zopf- oder auch Stirnbändern lassen sich bestimmt noch andere originelle Knüpfarbeiten anfertigen. Wie wäre es zum Beispiel mit einem Lesezeichen oder Gürtelschlaufen? Und wenn das Knüpfwerkzeug immer in der Tasche steckt, können Einfälle spontan realisiert und langweilige Wartezeiten kreativ überbrückt werden. Alles, was man braucht, um einem Menschen seine Sympathie und Verbundenheit auszudrücken, sind ein paar Stränge Stickgarn und eine Sicherheitsnadel.

Beim Nachknüpfen der hier gezeigten Bändchen wünsche ich viel Freude und neue Entdeckungen. Mein wichtigster Wunsch jedoch bleibt, daß dadurch viele Freundschaften fest geknüpft werden!

Mein Dank geht an alle Reisefreunde, die mir in irgendeiner Form Anregungen für dieses Buch vermittelt haben – insbesondere an
Lisa aus Australien
Renate aus der Schweiz
und Helena aus Schweden.

Rechts: Ein mit unregelmäßiger Muster- und Farbenfolge geknüpftes Lesezeichen – Beispiel für »abstraktes Knüpfen« nach dem Motto: »Einfach anfangen und sehen, was dabei herauskommt!«

Material

Viel ist nicht nötig, um die bunten Bänder zu knüpfen: Ein paar Fäden Stickgarn, eine Schere und eine Sicherheitsnadel reichen als Grundausstattung aus. Auch wenn das Ergebnis wie gewebt aussieht, wird kein Webrahmen oder Webbrettchen gebraucht. Perlen aus Metall, Holz, Horn, Glas, Acryl, Keramik und sogar Halbedelsteine können liebevoll eingearbeitet werden und ergeben besondere Effekte.

Wichtig für die Knüpftechnik ist die Wahl des richtigen Garns. Prinzipiell läßt sich jeder Faden verarbeiten. Leichter und schneller geht die Arbeit aber mit glattem, nicht zu dickem Stickgarn aus Baumwolle voran. Die in diesem Buch vorgestellten Bänder sind alle mit *Anchor* Sticktwist der Firma *Coats Mez* gefertigt. Aber auch *Anchor* Perlgarn Nr. 5 läßt sich gut verarbeiten und bringt das Muster effektvoll zur Geltung. Anfänger tun sich mit dem dickeren Perlgarn Nr. 3 oft leichter, doch ist zu bedenken, daß die Bänder dann breiter, die Muster gröber werden. Wollfäden und ähnliche Garne mit rauher Oberfläche lassen sich schlecht knüpfen, denn die Knoten sollten leicht auf dem Unterfaden zu verschieben sein.

Bei den Materialangaben zu den einzelnen Modellen sind jeweils die Farbnummern der Originalgarne von Coats Mez genannt. Diese Angaben sind natürlich nur als Empfehlungen gedacht. Selbstverständlich lassen sich auch mit anderen Farben und Fabrikaten ebenso schöne Ergebnisse erzielen. Entscheidend ist, was jeder selbst schön findet und was zum Beschenkten paßt. Auch gewagte Kombinationen wirken oft sehr effektvoll.

Vorbereitung

Zunächst werden die Fäden zugeschnitten. Achtung: Durch die Knoten »kriecht« das Garn auf einen Bruchteil seiner ursprünglichen Länge zusammen. Bei den in diesem Buch vorgestellten Modellen variieren die benötigten Fadenlängen von Band zu Band. Angaben dazu werden jeweils im Text gemacht. Die Fadenlängen sind dabei großzügig bemessen und geben einen Spielraum von mindestens 15 cm für eher lockeres und festes Knüpfen. Im allgemeinen verwendet man für ein einfaches Armband mit gleichmäßigem Fadenverbrauch etwa 90-100 cm lange Fäden. Sollen allerdings die beschriebenen Bändchen verlängert werden – um das geknüpfte Muster fortzusetzen oder um die Zöpfchen zu verlängern, z. B. für ein Halsband –, müssen auch die Fäden beim Zuschnitt entsprechend großzügiger bemessen werden. Alle Fäden werden miteinander verknotet. Dabei sollten über dem Knoten mindestens zehn Zentimeter der Fäden stehenbleiben. Daraus wird dann später der Abschluß geflochten.

Durch den Knoten steckt man eine Sicherheitsnadel und befestigt damit die Arbeit an einer festen Unterlage. Besonders einfach ist das, wenn man beim Knüpfen Jeans trägt: Dann steckt man die Fäden einfach knapp über Kniehöhe an der Hose fest. Schonender ist es, ein Nickytuch ums Knie zu binden und die Nadel daran zu befestigen oder ein Sofakissen mit der Knüpfarbeit zwischen die Knie zu nehmen. Mit dem Kissen kann man die Knüpferei dann auch für eine Weile beiseitelegen und später daran weiterarbeiten.

Nun legt man die Fäden nach der gewünschten Farbfolge sortiert strahlenförmig auf dem Oberschenkel oder auf dem Kissen aus. Dann kann's losgehen.

Mein Tip:

Wichtig ist, daß immer genügend lange Fadenenden über dem Anfangsknoten hängenbleiben, damit später Zöpfchen als Verschluß geflochten werden können.

Technik

Die Arbeitsweise beim Knüpfen der Freundschaftsbänder entspricht dem Makramee. Beim Knüpfen eines Knotens, der aus zwei aufeinanderfolgenden Schlingen besteht, ist von den beliebig vielen Fäden immer nur einer der Arbeitsfaden und einer der Unterfaden (Spannfaden). Mit dem Arbeitsfaden werden jeweils zwei Schlingen um den Unterfaden geknüpft, der immer straff gehalten wird.

Während des Knüpfens wechseln Arbeits- und Unterfäden immer wieder ihre Position und ihre Funktion: Was zunächst Arbeitsfaden war, wird später Unterfaden und umgekehrt.

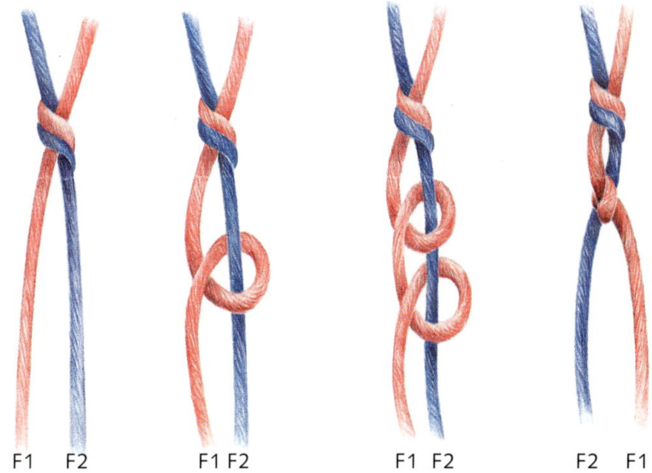

Der nach rechts geknüpfte Knoten

1. F1 ist Arbeitsfaden, F2 ist Unterfaden.
2. Unterfaden F2 spannen. Arbeitsfaden F1 von links nach rechts über F2 legen und dann um F2 herum durch die entstandene Schlinge stramm nach oben ziehen. In diesem Buch wird dies »halber Knoten« genannt.
3. Die zweite Schlinge ebenso knüpfen und fest über die erste nach oben ziehen; dann den Faden rechts unten vom Knoten ablegen.
4. Der Knoten ist fertig und hat die Farbe des Arbeitsfadens, wobei F1 jetzt rechts vom Knoten liegt und mit ihm weiter nach rechts geknüpft werden kann

Die ersten Knoten

So vielfältig die Muster und Farben auch sind: Für alle Bändchen muß man nur vier verschiedene Knoten kennen, die sich in kürzester Zeit lernen lassen.

Der nach links geknüpfte Knoten

1. F1 ist Unterfaden, F2 ist Arbeitsfaden.
2. Unterfaden F1 spannen. Arbeitsfaden F2 von rechts nach links über F1 legen und dann um F1 herum durch die entstandene Schlinge stramm nach oben ziehen.
3. Die zweite Schlinge ebenso knüpfen und fest über die erste nach oben ziehen; dann den Faden links unten vom Knoten ablegen.

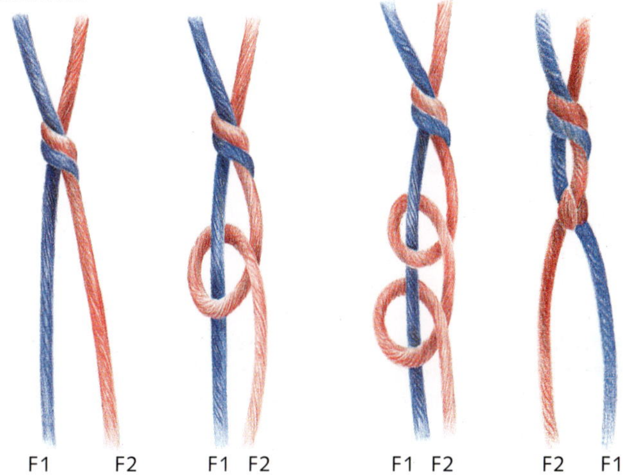

4. Der Knoten ist fertig und hat die Farbe des Arbeitsfadens, wobei F2 jetzt links vom Knoten liegt und mit ihm weiter nach links geknüpft werden kann.

Der Wendeknoten

Der Wendeknoten wird abwechselnd geknüpft, d. h. die erste Schlinge nach rechts, die zweite Schlinge nach links oder umgekehrt. Dieser Knoten hat die Funktion, den Lauf eines Fadens in die entgegengesetzte Richtung zu wenden.

Rechts-links geknüpfter Wendeknoten

1. F1 ist Arbeitsfaden, F2 ist Unterfaden.
2. Unterfaden F2 spannen. Mit F1 die erste Schlinge von links nach rechts knüpfen.
3. F1 nach rechts legen.
4. Mit F1 die zweite Schlinge entgegengesetzt von rechts nach links knüpfen.
5. Der Wendeknoten ist fertig und hat die Farbe des Arbeitsfadens, wobei F1 links vom Knoten liegt und mit ihm jetzt weiter (entgegengesetzt) nach links geknüpft werden kann. Die Position der Fäden entspricht der Ausgangsstellung.

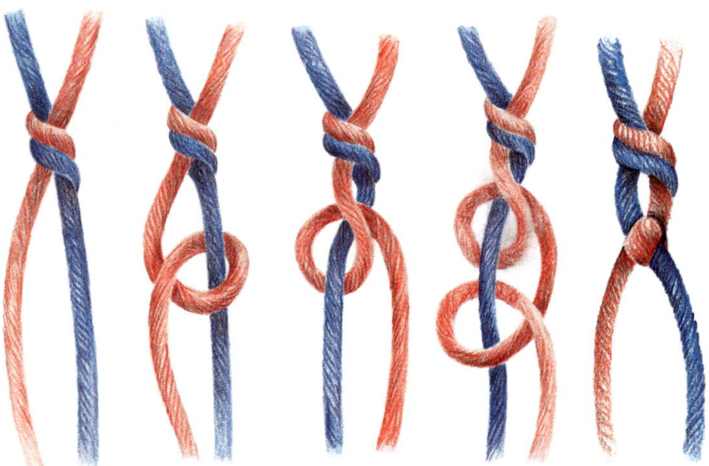

F1 F2 F1 F2 F2 F1 F2 F1 F1 F2

Randfaden und Rand-Wendeknoten

Der *Randfaden* (in den Anleitungen immer mit F0 bezeichnet) ist nicht unmittelbarer Teil des Musters. Er wird von einem Wendeknoten weitergeführt und behält so seine Randposition.

Beim Knüpfen »von außen nach innen« steht der Rand-Wendeknoten jeweils am Beginn jedes Arbeitsfadens, in umgekehrter Richtung »von innen nach außen« am Ende. Dies gilt natürlich nur für Arbeitsgänge, die bis an den Rand führen oder von dort ausgehen: Weiter innen liegend werden sie ab Wendeknoten fortgesetzt.

Grundmuster

Ausgangsbasis beim Knüpfen sind zwei verschiedene Grundmuster, und zwar die **1. einseitig** und **2. beidseitig** geknüpften Muster. Umknüpft wird immer der nächstliegende Faden, die Numerierung der Fäden bleibt für die gesamte Knüpfarbeit gleich – d. h. F1 bleibt bis zum Ende F1, F2 bleibt F2, usw.

Besonders wichtig ist es, die Reihenfolge der Fäden und den jeweiligen Richtungslauf des Arbeitsfadens stets im Auge zu behalten. Wird sorgfältig gearbeitet, kommt es kaum vor, daß ein falscher Unterfaden – oder sogar ein Arbeitsfaden – umknüpft wird. Bei komplizierteren Mustern mit mehreren gleichfarbigen Fäden ist es jedoch ratsam, diese zu kennzeichnen, um sie besser unterscheiden zu können. Dazu befestigt man an den gleichfarbigen Fadenenden andersfarbige dünne Fädchen, die mit jeweils derselben Farbe für eine Nummer des Knüpffadens stehen (siehe Zeichnung).

Mein Tip:

Sollte man sich doch einmal »verknüpft« haben, lassen sich die »falschen Knoten« leicht mit einer dickeren, vorn abgerundeten Stopfnadel wieder lösen.

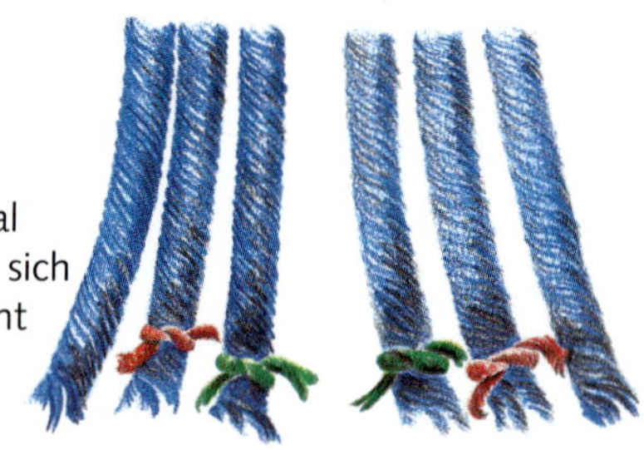

F1 F2 F3 F2 F2 F1

Links-rechts geknüpfter Wendeknoten

1. F1 ist Unterfaden, F2 ist Arbeitsfaden.
2. Unterfaden F1 spannen. Mit F2 die erste Schlinge von rechts nach links knüpfen.
3. F2 nach links legen.
4. Mit F2 die zweite Schlinge entgegengeset von links nach rechts knüpfen.
5. Der fertige Wendeknoten hat die Farbe d Arbeitsfadens, wobei F2 rechts vom Knoten liegt und mit ihm jetzt weiter (entgegengesetzt) nach rechts geknüpft werden. Die Position der Fäden entspricht wieder der Ausgangsstellung.

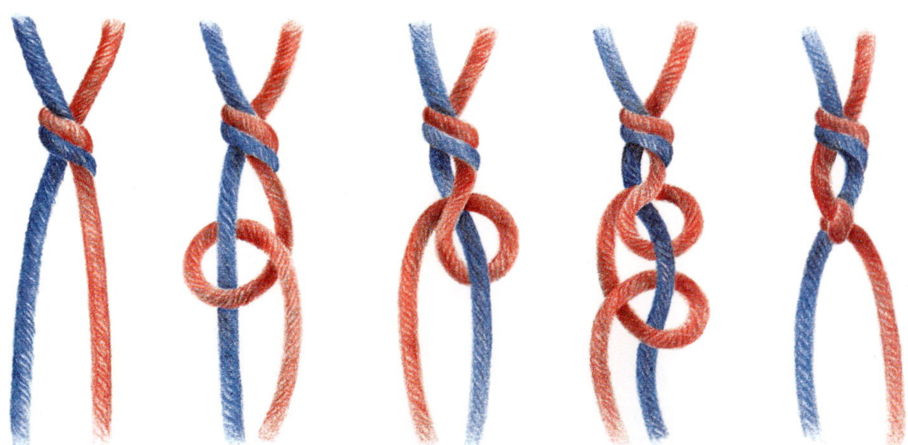

F1 F2 F1 F2 F2 F1 F2 F1 F1 F2

Einseitig geknüpfte Muster

Beispiel:
(8 Fäden, Streifenmuster)

Das Streifenmuster wird einseitig von links nach rechts geknüpft. Beginnend mit dem linken äußeren Arbeitsfaden F1 knüpft man der Reihe nach von links nach rechts jeweils einen Knoten über die nachfolgenden Fäden F2, F3, F4, F5, F6 und F7. F1 ist jetzt der rechte äußere Faden, während am Anfang links nun der Faden F2 liegt. Mit F2 wird nun die zweite Reihe über die Fäden F3, F4, F5, F6, F7 und F1 geknüpft. Danach liegt F2 rechts außen, F3 links am Anfang - usw.

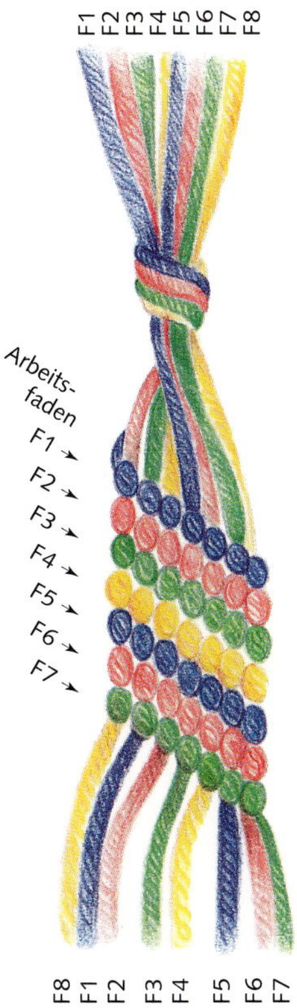

Die Zeichnung zeigt die ersten sieben mit F1 bis F7 geknüpften Streifen. Im nächsten Arbeitsgang wären jetzt mit F8 gelb (links außen) sieben Knoten in Gelb anzulegen. Danach liegt F1 blau wieder links am Anfang, und der gesamte Abschnitt wiederholt sich, bis die gewünschte Länge des Bands erreicht ist.

Beidseitig geknüpfte Muster

Beispiel:
(8 Fäden, Pfeilspitzenmuster)

Bei diesem Grundmuster wird beidseitig von außen nach innen geknüpft. Entsprechend läuft von der rechten Seite ausgehend die Knüpfrichtung entgegengesetzt zu der der linken Seite und umgekehrt. Die beiden Seiten bilden mit der gleichen Anzahl an Fäden jeweils die Hälfte des Musters und werden gleichzeitig erklärt. Daher werden die Fäden auch gleich numeriert, d. h. der links und rechts außen liegende Faden wird mit F1 bezeichnet, die darauf folgenden Fäden links und rechts mit F2, usw.

In der Mitte treffen der linke und rechte Arbeitsfaden zusammen und werden dort mit einem Mittelknoten verbunden. Sofern beide Fäden die gleiche Farbe haben (wie in diesem Beispiel), macht es keinen Unterschied, ob der Mittelknoten mit dem linken oder rechten Faden nach rechts oder links geknüpft wird.

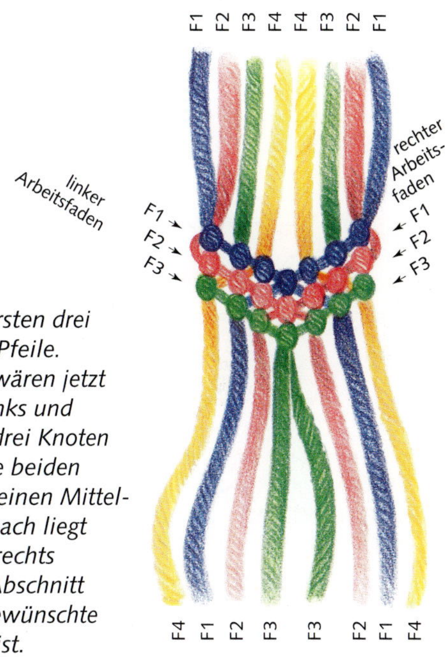

Die Zeichnung zeigt die ersten drei mit F1 bis F3 geknüpften Pfeile. Im nächsten Arbeitsgang wären jetzt mit F4 gelb jeweils von links und rechts außen nach innen drei Knoten in Gelb anzulegen und die beiden Fäden in der Mitte durch einen Mittelknoten zu verbinden. Danach liegt F1 blau wieder links und rechts außen, und der gesamte Abschnitt wiederholt sich, bis die gewünschte Länge des Bands erreicht ist.

Hinweise zu den Anleitungen
Alle Anleitungen sind folgendermaßen gegliedert:
Für jeden Abschnitt wird die jeweilige Knüpfrichtung angegeben (z. B. »einseitig von links nach rechts«), für jeden Arbeitsgang der jeweilige Arbeitsfaden (F1 blau, F2 rot, F3 grün, usw.), dazu Anzahl, Farbe und Art der Knoten, die mit diesem Arbeitsfaden geknüpft werden (1.-7. Knoten blau, 1.-7. Knoten rot, 1 Mittelknoten rot, usw.).

Unterfäden und deren Reihenfolge werden nicht mit angegeben, um die Anleitungen übersichtlicher zu halten. Bei genauer Arbeitsweise ergibt sich die richtige Stellung jedoch von selbst.

Für schwierige Abschnitte oder Muster sind Zeichnungen hinzugefügt, aus denen auch die Lage der Unterfäden hervorgeht. Dieses Beispiel mit Streifenmuster wird also im Anleitungstext so beschrieben:

Einseitig von links nach rechts:
F1 blau: 1.-7. Knoten blau
F2 rot: 1.-7. Knoten rot
F3 grün: 1.-7. Knoten grün
F4 gelb: 1.-7. Knoten gelb
F5 blau: 1.-7. Knoten blau
F6 rot: 1.-7. Knoten rot
F7 grün: 1.-7. Knoten grün
F8 gelb: 1.-8. Knoten gelb

Im Anleitungstext wäre das Beispiel mit Pfeilspitzenmuster dann folgendermaßen beschrieben:

Beidseitig von außen nach innen:
linker und rechter F1 blau:
je 1.-3. Knoten blau + 1 Mittelknoten blau
linker und rechter F2 rot:
je 1.-3. Knoten rot + 1 Mittelknoten rot
linker und rechter F3 grün:
je 1.-3. Knoten grün + 1 Mittelknoten grün
linker und rechter F4 gelb:
je 1.-3. Knoten gelb + 1 Mittelknoten gelb

Arbeiten mit Wendeknoten

Durch einen Wendeknoten wird die Laufrichtung eines Arbeitsfadens umgekehrt. Dieser wird zusammen mit dem Unterfaden des Wendeknotens zunächst zur Seite gelegt. Dann folgen die nächsten Knoten mit anderen Arbeitsfäden, die in dieselbe Richtung zu knüpfen sind. Nach dem Wechsel in die entgegengesetzte Richtung kann der beiseite gelegte Unterfaden vom nächstliegenden wieder mit umknüpft werden. Dies gilt nicht für den Rand-Wendeknoten und Mittelknoten (siehe Seite 8, 9)!

Beispiel:
(10 Fäden, Karomuster)

Beidseitig von innen nach außen:
A linker und rechter F1 rot: 1 Mittelknoten rot, je 1.-3. Knoten rot + je 1 Wendeknoten rot (mit Unterfaden F5 zur Seite legen)
B linker und rechter F2 blau: 1 Mittelknoten blau, je 1. Knoten blau + je 1 Wendeknoten blau (mit Unterfaden F4 zur Seite legen)
C linker und rechter F3 grün: 1 Mittelknoten grün

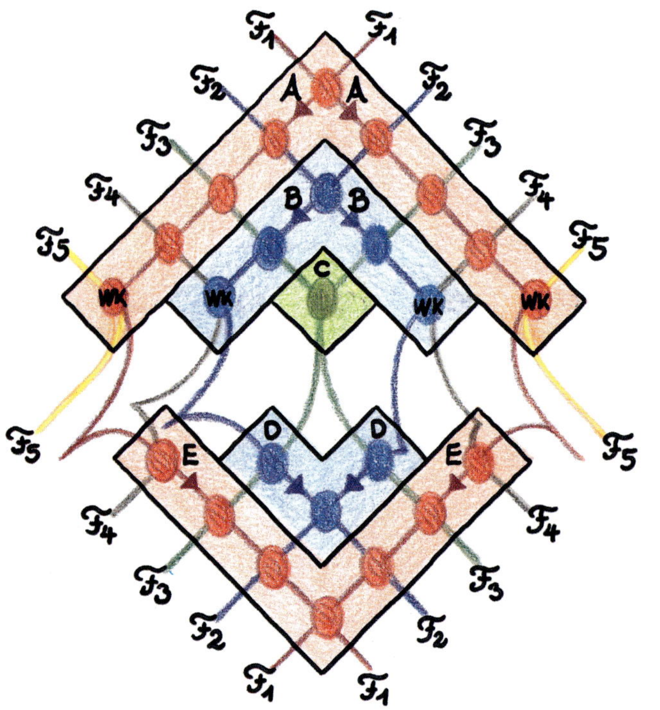

Die Zeichnung zeigt die ersten drei mit F1, F2 und F3 von innen nach außen geknüpften Reihen (A bis C). Beim Wechsel in die umgekehrte Richtung nimmt man den jeweils zur Seite gelegten Arbeitsfaden wieder auf und knüpft von außen nach innen zur Mitte zurück. Der Unterfaden F4 braun wird erst wieder beim ersten Knoten von F1 mit umknüpft (E).
Die Zeichnung für die entgegengesetzte Knüpfrichtung (D, E) ist etwas nach unten versetzt, damit das »zur-Seite-Legen« der Fäden beim Wendeknoten anschaulich wird.

Zurück von außen nach innen jeweils ab Wendeknoten:
D linker und rechter F2 blau:
je 1. Knoten blau + 1 Mittelknoten blau
E linker und rechter F1 rot:
je 1.-3. Knoten rot + 1 Mittelknoten rot

Zwischenmuster

Die effektvollen Zwischenmuster bei den verschiedenen Bändern entstehen, wenn der jeweilige Arbeitsfaden an bestimmten Stellen von der Farbe des Unterfadens überdeckt wird, d. h. wenn mit diesem geknüpft wird. Dabei ist es wichtig, immer das Hauptmuster des Bändchens sowie die Knüpfrichtung des jeweiligen Arbeitsfadens im Auge zu behalten.

Geknüpft wird der Unterfaden grundsätzlich von der Seite aus, auf der er sich in bezug auf den Arbeitsfaden gerade befindet, d. h. also: Liegt der Unterfaden links vom Arbeitsfaden, knüpft man ihn von links nach rechts; liegt er rechts vom Arbeitsfaden, wird er von rechts nach links geknüpft. Die Laufrichtung der jeweiligen Arbeitsfäden für das Hauptmuster bleibt dabei bestehen.

Beispiel:
(10 Fäden, Hauptmuster Pfeilspitzen)

Das Beispiel zeigt in der ersten Reihe den Arbeitsfaden F1 gelb, der beidseitig von außen nach innen läuft, beim 3. Knoten jedoch von der Unterfarbe F4 überdeckt wird. In der linken Hälfte liegt der Unterfaden F4 rechts vom Arbeitsfaden, d. h. mit F4 wird von rechts nach links über F1 geknüpft. In der rechten Hälfte liegt der Unterfaden F4 in Knüpfrichtung links vom Arbeitsfaden, also wird von links nach rechts über F1 geknüpft. In der zweiten Reihe wird der Arbeitsfaden F2 bereits beim 2. Knoten vom Unterfaden verdeckt, weil F1 nach innen gekommen ist und nun nur noch F3 vor dem Überdeckungsknoten von F4 liegt. Die Knüpfrichtung entspricht der der ersten Reihe.

In der Beschreibung würde dieses Beispiel so lauten:

Beidseitig von außen nach innen:
linker und rechter F1 gelb: je 1.-2. Knoten gelb, je 3. Knoten Überdeckung braun, je 4. Knoten gelb + 1 Mittelknoten gelb
linker und rechter F2 rot: je 1. Knoten rot, je 2. Knoten Überdeckung braun, je 3.-4. Knoten rot + 1 Mittelknoten rot

Der Abschluß

Wenn das Bändchen fertig geknüpft ist, müssen die losen Fadenenden verwahrt werden. Zunächst wird der Knoten aufgelöst, durch den die Sicherheitsnadel gesteckt war. Einfach und praktisch ist es, die Fäden nun zu einem oder zwei Zöpfen zu flechten und die Enden zu verknoten.

Einzelne Zöpfe können mit den traditionellen drei Knoten ums Handgelenk gebunden werden. Besonders hübsch und vor allem zweckmäßig – wenn man das Band gelegentlich abnehmen will – ist der Kreuzknoten (siehe Zeichnung).

Geflochtene Schlaufe

Wer am einen Ende des Bandes eine Schlaufe haben möchte, muß das bereits beim Zuschneiden der Fäden bedenken: Halb soviele Fäden, wie für das Band nötig sind, werden in der doppelten Länge zugeschnitten, in der Mitte verknotet und auf einer Länge von etwa 5 cm verflochten. Der Zopf wird zur Schlinge gelegt, alle Fäden werden unterhalb der Schlinge verknotet. Mit der richtigen Faden-Anzahl wird nun wie üblich geknüpft (siehe Zeichnung).

Wer eine Schlaufe für sein Bändchen wählt, braucht am anderen Ende dann zwei Zöpfchen oder Kordeln, wovon eines zum Verschließen durch die Schlaufe gezogen und mit dem zweiten verknotet wird.

Umwickelte Schlaufe

Die in der doppelten Länge zugeschnittenen Fäden werden in der Mitte gehalten und mit dem für die Schlaufe vorgesehenen Faden dicht an dicht umwickelt. Die Fäden, die umwickelt werden, müssen gleichzeitig auch stramm gezogen werden – das geht entweder mit dem Fuß oder man befestigt das Ende solange an einem Haken, Nagel oder ähnlichem. Danach beide Enden des umwickelten Abschnitts dicht nebeneinanderhalten und zusammen mit denselben beiden Fäden zwei- bis dreimal fest umwickeln (siehe Zeichnung). Verknoten und danach wie üblich mit dem Knüpfmuster beginnen.

Abkürzungsverzeichnis

Alle Bändchen sind mit *Anchor* Sticktwist geknüpft. Zu Beginn der Anleitungen werden jeweils in Klammern die Garnnummern für die Farben genannt, z. B. F1 dunkelgrün (862).

F	Faden (in der Regel der Arbeitsfaden)
K	Knoten
li	links, linke(r)
MK	Mittelknoten
R	Reihe
re	rechts, rechte(r)
RF	Randfaden
RWK	Rand-Wendeknoten
Ü	Überdeckung des Arbeitsfadens durch den Unterfaden
WK	Wendeknoten

Doppelstreifen-Bändchen

Ganz schnell und leicht angefertigt ist dieses Bändchen links, mit dem die Grundtechnik des Knüpfens kennengelernt werden kann. Mit verschiedenen Farben kann passend zur Kleidung eine ganze Kollektion entstehen.

Steckbrief

Bandlänge: 15 cm
Anfang: umwickelte Schlaufe (siehe S. 11)
Ende: 2 Zöpfe (siehe S. 11) von jeweils etwa 8 cm Länge
Geknüpft wird einseitig von links nach rechts.

Die Fäden

12 Fäden (von links nach rechts):
F1 dunkelgrün (862)/100 cm (für die Schlaufe)
F2 dunkelgrün (862)/100 cm (für die Schlaufe)
F3 pink (89)/90 cm
F4 pink (89)/90 cm
F5 beige (366)/90 cm
F6 beige (366)/90 cm
F7 dunkelgrün (862)/80 cm
F8 dunkelgrün (862)/80 cm
F9 pink (89)/80 cm
F10 pink (89)/80 cm
F11 beige (366)/80 cm
F12 beige (366)/80 cm

So wird's gemacht

A Die Fäden nach angegebener Fadenfolge sortieren und einseitig von links nach rechts das Knüpfmuster unten viermal wiederholen.

Einseitig von links nach rechts:

F1 dunkelgrün:	1.-11.K dunkelgrün	Zwischenteil
F2 dunkelgrün:	1.-11.K dunkelgrün	
F3 pink:	1.-11.K pink	
F4 pink:	1.-11.K pink	
F5 beige:	1.-11.K beige	
F6 beige:	1.-11.K beige	
F7 dunkelgrün:	1.-11.K dunkelgrün	
F8 dunkelgrün:	1.-11.K dunkelgrün	
F9 pink:	1.-11.K pink	
F10 pink:	1.-11.K pink	
F11 beige:	1.-11.K beige	
F12 beige:	1.-11.K beige	

B Danach noch eine Hälfte (den Zwischenteil F1 dunkelgrün bis F6 beige wie angegeben) knüpfen, wobei in der 6. Reihe mit F6 beige nur 7 Knoten angelegt werden, damit das Ende optisch mit dem Anfang übereinstimmt. Dazu werden beim 1., 3., 5. und 7.K jeweils zwei Unterfäden auf einmal umknüpft.

Pfeilspitzen-Bändchen

Ein klein wenig anspruchsvoller wird es, wenn für die »Pfeilspitzen« (rechts) jetzt beidseitig zu knüpfen ist. Diese Technik ist allerdings für die meisten interessanten Muster die Grundlage.

Steckbrief

Bandlänge: 14,5 cm
Anfang: umwickelte Schlaufe (siehe S. 11)
Ende: 2 Zöpfe (siehe S. 11) von jeweils etwa 11 cm Länge
Geknüpft wird beidseitig von außen nach innen.

Die Fäden

12 Fäden (von außen nach innen):
li und re F1 dunkelblau (170)/ je 100 cm (für die Schlaufe)
li und re F2 dunkelblau (170)/je 90 cm
li und re F3 hellblau (410)/je 90 cm
li und re F4 weißgelb (300)/je 80 cm
li und re F5 gelb (306)/je 80 cm
li und re F6 gold (309) je 80 cm

So wird's gemacht

A Die Fäden nach angegebener Fadenfolge sortieren und beidseitig von außen nach innen das Knüpfmuster unten achtmal wiederholen.

Beidseitig von außen nach innen:

li und re F1 dunkelblau:	je 1.-5.K dunkelblau + 1 MK dunkelblau	Zwischenteil
li und re F2 dunkelblau:	je 1.-5.K dunkelblau + 1 MK dunkelblau	
li und re F3 hellblau:	je 1.-5.K hellblau + 1 MK hellblau	
li und re F4 weißgelb:	je 1.-5.K weißgelb + 1 MK weißgelb	
li und re F5 gelb:	je 1.-5.K gelb + 1 MK gelb	
li und re F6 gold:	je 1.-5.K gold + 1 MK gold	

B Danach noch eine Hälfte (den Zwischenteil F1 dunkelblau bis F3 hellblau wie angegeben) knüpfen.
Zöpfe flechten – fertig.

Karo-Bändchen

Mit diesem Bändchen können auf einfache Weise die Grundbegriffe des Knüpfens eingeübt werden. Und damit der Spaß gleich beginnen kann, ist dem Buch das hierfür benötigte Sticktwist beigelegt. Viel Spaß dabei und auch beim Nachknüpfen der anderen Ideen!

> **Steckbrief**
>
> Bandlänge: 15 cm
> Anfang und Ende: je 1 Zopf von etwa 7 cm Länge
> Geknüpft wird das Karomuster beidseitig von außen nach innen bzw. innen nach außen.

Die Fäden

10 Fäden (von außen nach innen):
li und re F1 hellblau (130) / je 120 cm
li und re F2 dunkelblau (127) / je 100 cm
li und re F3 hellgrün (264) / je 90 cm
li und re F4 orange (332) / je 80 cm
li und re F5 mittelblau (169) / je 70 cm

So wird's gemacht

A Die Fäden nach der angegebenen Folge sortieren, den Anfangszopf flechten (siehe S. 11) und dann den Beginn des geknüpften Musters nach unten stehendem Schema anlegen.

Anfang – beidseitig von außen nach innen:

li und re F1 hellblau:	je 1.-4. K hellblau + 1 MK hellblau
li und re F2 dunkelblau:	je 1.-4. K dunkelblau + 1 MK dunkelblau
li und re F3 hellgrün:	je 1.-4. K hellgrün + 1 MK hellgrün
li und re F4 orange:	je 1.-4. K orange + 1 MK orange
li und re F5 mittelblau:	je 1.-4. K mittelblau + 1 MK mittelblau

B Nun beginnt das Hauptmuster, für das zu Anfang weiter von außen nach innen gearbeitet wird. Ab dem zweiten Faden F2 dunkelblau knüpft man allerdings der Reihenfolge nach beidseitig immer 1 Knoten weniger. Dazu wird der jeweilige linke und rechte Arbeitsfaden nach innen abgelegt und vom nachfolgenden Arbeitsfaden nicht mehr umknüpft.

Hauptteil/Anfang – weiter beidseitig von außen nach innen:

li und re F1 hellblau:	je 1.-4. K hellblau + 1 MK hellblau	Zwischenteil
li und re F2 dunkelblau:	je 1.-3. K dunkelblau	
li und re F3 hellgrün:	je 1. + 2. K hellgrün	
li und re F4 orange:	je 1 K orange	

C In entgegengesetzter Richtung wird jetzt aus der Mitte heraus von innen nach außen geknüpft; dabei entsteht das hellblau umrandete Karo. Den linken und rechten Arbeitsfaden jetzt umgekehrt nach außen ablegen und mit dem nachfolgenden Arbeitsfaden nicht mehr umknüpfen.

Hauptteil/Ende – beidseitig von innen nach außen:

li und re F1 hellblau ab MK:	je 1.-4. K hellblau
li und re F2 dunkelblau aus der Mitte:	1 Mk dunkelblau + je 1.-3. K dunkelblau
li und re F3 hellgrün aus der Mitte:	1 MK hellgrün + je 1.+2. K hellgrün
li und re F4 orange aus der Mitte:	1 MK orange + je 1 K orange
li und re F5 mittelblau:	1 MK mittelblau

D Den gesamten Hauptteil bzw. dieses Hauptmuster noch zehnmal wiederholen, wobei jeweils in der ersten Reihe mit dem Arbeitsfaden F1 das hellblaue Karo wieder geschlossen wird. Danach noch einmal den Zwischenteil (angegeben im Knüpfmuster Hauptteil/Anfang) hinzufügen.

E Der Abschluß des Bandes wird beidseitig von innen nach außen entsprechend dem unten angegebenen Schema geknüpft. Dann den zweiten Zopf flechten (siehe S. 11), und schon kann das erste selbst angefertigte Bändchen getragen werden!

Abschluß – beidseitig von innen nach außen:

li und re F1 hellblau ab MK:	je 1.-4. K hellblau
li und re F2 dunkelblau aus der Mitte:	1 MK dunkelblau + je 1.-4. K dunkelblau
li und re F3 hellgrün aus der Mitte:	1 MK hellgrün + je 1.-4. K hellgrün
li und re F4 orange aus der Mitte:	1 MK orange + je 1.-4. K orange.
li und re F5 mittelblau:	1 MK orange + je 1.-4. K orange
li und re F5 mittelblau:	1 MK mittelblau + je 1.-4. K mittelblau li und re F1 hellblau aus der Mitte: 1 MK hellblau + je 1.-4. K hellblau

Band »Pepita«

Einfach und doch so edel! Das »Pepita«-Band mit gleichmäßigem Karomuster ist etwas für besondere Anlässe und sieht auch »von links« sehr gut aus (siehe S. 4/5).

Steckbrief

Bandlänge: 13,5 cm
Anfang: geflochtene Schlaufe
Ende: 2 Zöpfe von jeweils etwa 8 cm Länge
Geknüpft wird durchgehend einseitig von links nach rechts in 2er-Kästchen.

Überdeckungen durch die jeweiligen Unterfäden (siehe Zwischenmuster, S. 10) werden bei diesem Bändchen immer von rechts nach links geknüpft, d. h. die Arbeitsfäden zeigen immer nach rechts außen, die Unterfäden dagegen alle nach links unten.

Die Fäden

16 Fäden (von links nach rechts):

F1 schwarz	(403) / 110 cm	F9 blau	(164) / 100 cm
F2 schwarz	(403) / 110 cm	F10 blau	(164) / 100 cm
F3 bronze	(856) / 100 cm	F11 malve	(98) / 100 cm
F4 bronze	(856) / 100 cm	F12 malve	(98) / 100 cm
F5 rot	(72) / 100 cm	F13 violett	(94) / 100 cm
F6 rot	(72) / 100 cm	F14 violett	(94) / 100 cm
F7 gelb	(302) / 100 cm	F15 grün	(188) / 100 cm
F8 gelb	(302) / 100 cm	F16 grün	(188) / 100 cm

So wird's gemacht

A Die Fäden nach der angegebenen Folge sortieren und das gesamte Bändchen entsprechend dem Knüpfmuster einseitig von links nach rechts knüpfen. Jede Reihe mit 1 Arbeitsfaden hat 15 Knoten, wobei der erste links außen, der letzte rechts außen liegt.

Hauptteil – einseitig von links nach rechts:

1 F1 schwarz: 1.-3.K schwarz, 4.K Ü rot, 5.K Ü rot, 6.+7.K schwarz, 8.K Ü blau, 9.K Ü blau, 10.+11.K schwarz, 12.K Ü violett, 13.K Ü violett, 14.+15.K schwarz

2 F2 schwarz: 1.+2.K schwarz, 3.K Ü rot, 4.K Ü rot, 5.+6.K schwarz, 7.K Ü blau, 8.K Ü blau, 9.+10.K schwarz, 11.K Ü violett, 12.K Ü violett, 13.-15.K schwarz

3 F3 bronze: 1.-3.K bronze, 4.K Ü gelb, 5.K Ü gelb, 6.+7.K bronze, 8.K Ü malve, 9.K Ü malve, 10.+11.K bronze, 12.K Ü grün, 13.K Ü grün, 14.+15.K bronze

4 F4 bronze: 1.+2.K bronze, 3.K Ü gelb, 4.K Ü gelb, 5.+6.K bronze, 7.K Ü malve, 8.K Ü malve, 9.+10.K bronze, 11.K Ü grün, 12.K Ü grün, 13.-15.K bronze

5 F5 rot: 1.-3.K rot, 4.K Ü blau, 5.K Ü blau, 6.+7.K rot, 8.K Ü violett, 9.K Ü violett, 10.+11.K rot, 12.K Ü schwarz, 13.K Ü schwarz, 14.+15.K rot

6 F6 rot: 1.+2.K rot, 3.K Ü blau, 4.K Ü blau, 5.+6.K rot, 7.K Ü violett, 8.K Ü violett, 9.+10.K rot, 11.K Ü schwarz, 12.K Ü schwarz, 13.-15.K rot

7 F7 gelb: 1.-3.K gelb, 4.K Ü malve, 5.K Ü malve, 6.+7.K gelb, 8.K Ü grün, 9.K Ü grün, 10.+11.K gelb, 12.K Ü bronze, 13.K Ü bronze, 14.+15.K gelb

8 F8 gelb: 1.+2.K gelb, 3.K Ü malve, 4.K Ü malve, 5.+6.K gelb, 7.K Ü grün, 8.K Ü grün, 9.+10.K gelb, 11.K Ü bronze, 12.K Ü bronze, 13.-15.K gelb

9 F9 blau: 1.-3.K blau, 4.K Ü violett, 5.K Ü violett, 6.+7.K blau, 8.K Ü schwarz, 9.K Ü schwarz, 10.+11.K blau, 12.K Ü rot, 13.K Ü rot, 14.+15.K blau

10 F10 blau: 1.+2.K blau, 3.K Ü violett, 4.K Ü violett, 5.+6.K blau, 7.K Ü schwarz, 8.K Ü schwarz, 9.+10.K blau, 11.K Ü rot, 12.K Ü rot, 13.-15.K blau

11 F 11 malve: 1.-3.K malve, 4.K Ü grün, 5.K Ü grün, 6.+7.K malve, 8.K Ü bronze, 9.K Ü bronze, 10.+11.K malve, 12 K Ü gelb, 13.K Ü gelb, 14.+15.K malve

12 F12 malve: 1.+2.K malve, 3.K Ü grün, 4.K Ü grün, 5.+6.K malve, 7.K Ü bronze, 8.K Ü bronze, 9.+10.K malve, 11.K Ü gelb, 12.K Ü gelb, 13.-15.K. malve

13 F13 violett: 1.-3.K violett, 4.K Ü schwarz, 5.K Ü schwarz, 6.+7.K violett, 8.K Ü rot, 9.K Ü rot, 10.+11.K violett, 12.K Ü blau, 13.K Ü blau, 14.+15.K violett

14 F14 violett: 1.+2.K violett, 3.K Ü schwarz, 4.K Ü schwarz, 5.+6.K violett, 7.K Ü rot, 8.K Ü rot, 9.+10.K violett, 11.K Ü blau, 12.K Ü blau, 13.-15.K violett

15 F 15 grün: 1.-3.K grün, 4.K Ü bronze, 5.K Ü bronze, 6.+7.K grün, 8.K Ü gelb, 9.K Ü gelb, 10.+11.K grün, 12.K Ü malve, 13.K Ü malve, 14.+15.K grün

16 F16 grün: 1.+2.K grün, 3.K Ü bronze, 4.K Ü bronze, 5.+6.K grün, 7.K Ü gelb, 8.K Ü gelb, 9.+10.K grün, 11.K Ü malve, 12.K Ü malve, 13.-15.K grün

B Den Hauptteil dreimal wiederholen und als Abschluß die Arbeitsgänge **1** und **2** nochmals knüpfen.

Armband »Mosaik«

Wer's noch etwas raffinierter mag: hier die Variante von Band »Pepita« (siehe S.16/17) - etwas verspielter und ganz im Stil klassischer Ornamente. Auch dieses Band wirkt »umgedreht« mit seinen Rippchen sehr reizvoll (siehe S.1).

Steckbrief

Bandlänge: 12 cm
Anfang und Ende: jeweils 1 Zopf von etwa 11 cm Länge
Geknüpft wird durchgehend einseitig von links nach rechts in 3er-Kästchen mit Zwischenmuster.

Überdeckungen durch die jeweiligen Unterfäden (siehe Zwischenmuster, S. 10) werden bei diesem Bändchen immer von rechts nach links geknüpft, d. h. die Arbeitsfäden zeigen immer nach rechts außen, die Unterfäden dagegen alle nach links unten.

Die Fäden

18 Fäden (von links nach rechts):

F1 schwarz	(403) / 110 cm
F2 schwarz	(403) / 110 cm
F3 schwarz	(403) / 110 cm
F4 dunkelgrün	(212) / 100 cm
F5 dunkelgrün	(212) / 100 cm
F6 dunkelgrün	(212) / 100 cm
F7 gelb	(315) / 100 cm
F8 gelb	(315) / 100 cm
F9 gelb	(315) / 100 cm
F10 hellgrün	(208) / 100 cm
F11 hellgrün	(208) / 100 cm
F12 hellgrün	(208) / 100 cm
F13 rosa	(08) / 100 cm
F14 rosa	(08) / 100 cm
F15 rosa	(08) / 100 cm
F16 rot	(20) / 100 cm
F17 rot	(20) / 100 cm
F18 rot	(20) / 100 cm

So wird's gemacht

A Die Fäden nach der angegebenen Folge (von links nach rechts) sortieren und das gesamte Bändchen entsprechend dem Knüpfmuster einseitig von links nach rechts knüpfen. Jede Reihe mit 1 Arbeitsfaden hat 17 Knoten, wobei der erste links außen, der letzte rechts außen liegt.

Hauptteil – einseitig von links nach rechts:

Zwischenteil:

F1 schwarz: 1.+2.K schwarz, 3.K Ü dunkelgrün, 4.K Ü dunkelgrün, 5.K schwarz, 6.K Ü gelb, 7.K Ü gelb, 8.K Ü gelb, 9.K Ü hellgrün, 10.K Ü hellgrün, 11.K schwarz, 12.K Ü rosa, 13.K Ü rosa, 14.K Ü rosa, 15.K Ü rot, 16.K Ü rot, 17.K schwarz

F2 schwarz: 1.K schwarz, 2.K Ü dunkelgrün, 3.+4.K schwarz, 5.K Ü gelb, 6.K Ü gelb, 7.K Ü gelb, 8.K Ü hellgrün, 9.+10.K schwarz, 11.K Ü rosa, 12.K Ü rosa, 13.K Ü rosa, 14.K Ü rot, 15.-17.K schwarz

F3 schwarz: 1.-3.K schwarz, 4.K Ü gelb, 5.K Ü gelb, 6.K Ü gelb, 7.-9.K schwarz, 10.K Ü rosa, 11.K Ü rosa, 12.K Ü rosa, 13.-17.K schwarz

F4 dunkelgrün: 1.+2.K dunkelgrün, 3.K Ü gelb, 4.K Ü gelb, 5.K dunkelgrün, 6.K Ü hellgrün, 7.K Ü hellgrün, 8.K Ü hellgrün, 9.K Ü rosa, 10 K Ü rosa, 11.K dunkelgrün, 12.K Ü rot, 13.K Ü rot, 14.K Ü rot, 15.K Ü schwarz, 16.K Ü schwarz, 17.K dunkelgrün

F5 dunkelgrün: 1.K dunkelgrün, 2.K Ü gelb, 3.+4.K dunkelgrün, 5.K Ü hellgrün, 6.K Ü hellgrün, 7.K Ü hellgrün, 8.K Ü rosa, 9.+10.K dunkelgrün, 11.K Ü rot, 12.K Ü rot, 13.K Ü rot, 14.K Ü schwarz, 15.-17.K dunkelgrün

F6 dunkelgrün: 1.-3.K dunkelgrün, 4.K Ü hellgrün, 5.K Ü hellgrün, 6.K Ü hellgrün, 7.-9.K dunkelgrün, 10.K Ü rot, 11.K Ü rot, 12.K Ü rot, 13.-17.K dunkelgrün

F7 gelb: 1.+2.K gelb, 3.K Ü hellgrün, 4.K Ü hellgrün, 5.K gelb, 6.K Ü rosa, 7.K Ü rosa, 8.K Ü rosa, 9.K Ü rot, 10.K Ü rot, 11.K gelb, 12.K Ü schwarz, 13.K Ü schwarz. 14.K Ü schwarz, 15.K Ü dunkelgrün, 16.K Ü dunkelgrün, 17.K gelb

F8 gelb: 1.K gelb, 2.K Ü hellgrün, 3.+4.K gelb, 5.K Ü rosa, 6.K Ü rosa, 7.K Ü rosa, 8.K Ü rot, 9.+10.K gelb, 11.K Ü schwarz, 12.K Ü schwarz, 13.K Ü schwarz, 14.K Ü dunkelgrün, 15.-17.K gelb

F9 gelb: 1.-3.K gelb, 4.K Ü rosa, 5.K Ü rosa, 6.K Ü rosa, 7.-9.K gelb, 10.K Ü schwarz, 11.K Ü schwarz, 12.K Ü schwarz, 13.-17.K gelb

F10 hellgrün:	1.+2.K hellgrün, 3.K Ü rosa, 4.K Ü rosa, 5.K hellgrün, 6.K Ü rot, 7.K Ü rot, 8.K Ü rot, 9.K Ü schwarz, 10.K Ü schwarz, 11.K hellgrün, 12.K Ü dunkelgrün, 13.K Ü dunkelgrün, 14.K Ü dunkelgrün, 15.K Ü gelb, 16.K Ü gelb, 17.K hellgrün
F11 hellgrün:	1.K hellgrün, 2.K Ü rosa, 3.+4.K hellgrün, 5.K Ü rot, 6.K Ü rot, 7.K Ü rot, 8.K Ü schwarz, 9.+10.K hellgrün, 11.K Ü dunkelgrün, 12.K Ü dunkelgrün, 13.K Ü dunkelgrün, 14.K Ü gelb, 15.-17.K hellgrün
F12 hellgrün:	1.-3.K hellgrün, 4.K Ü rot, 5.K Ü rot, 6.K Ü rot, 7.-9.K hellgrün, 10.K Ü dunkelgrün, 11.K Ü dunkelgrün, 12.K Ü dunkelgrün, 13.-17.K hellgrün
F13 rosa:	1.+2.K rosa, 3.K Ü rot, 4.K Ü rot, 5.K rosa, 6.K Ü schwarz, 7.K Ü schwarz, 8.K Ü schwarz, 9.K Ü dunkelgrün, 10.K Ü dunkelgrün, 11.K rosa, 12.K Ü gelb, 13.K Ü gelb, 14.K Ü gelb, 15.K Ü hellgrün, 16.K Ü hellgrün, 17.K rosa
F14 rosa:	1.K rosa, 2.K Ü rot, 3.+4.K rosa, 5.K Ü schwarz, 6.K Ü schwarz, 7.K Ü schwarz, 8.K Ü dunkelgrün, 9.+10.K rosa, 11.K Ü gelb, 12.K Ü gelb, 13.K Ü gelb, 14.K Ü hellgrün, 15.-17.K rosa
F15 rosa:	1.-3.K rosa, 4.K Ü schwarz, 5.K Ü schwarz, 6.K Ü schwarz, 7.-9. K rosa, 10.K Ü gelb, 11.K Ü gelb, 12.K Ü gelb, 13.-17.K rosa
F16 rot:	1.+2.K rot, 3.K Ü schwarz, 4.K Ü schwarz, 5.K rot, 6.K Ü dunkelgrün, 7.K Ü dunkelgrün, 8.K Ü dunkelgrün, 9.K Ü gelb, 10.K Ü gelb, 11.K rot, 12.K Ü hellgrün, 13.K Ü hellgrün, 14.K Ü hellgrün, 15.K Ü rosa, 16.K Ü rosa, 17.K rot
F17 rot:	1.K rot, 2.K Ü schwarz, 3.+4.K rot, 5.K Ü dunkelgrün, 6.K Ü dunkelgrün, 7.K Ü dunkelgrün, 8.K Ü gelb, 9.+10.K rot, 11.K Ü hellgrün, 12.K Ü hellgrün, 13.K Ü hellgrün, 14.K Ü rosa, 15.-17.K rot
F18 rot:	1.-3.K rot, 4.K Ü dunkelgrün, 5.K Ü dunkelgrün, 6.K Ü dunkelgrün, 7.-9.K rot, 10.K Ü hellgrün, 11.K Ü hellgrün, 12.K Ü hellgrün, 13.-17.K rot

B Den ganzen Hauptteil noch zweimal wiederholen und abschließend den Zwischenteil mit den Arbeitsfäden F1 bis F3 schwarz knüpfen.

Armband »Twins«

Mit »Twins« kommt ein bißchen »Graffiti«-Kunst ans Handgelenk: Die Strichmännchen sind einfach geknüpft und heben die Stimmung – ob in der Schule oder beim Freizeitvergnügen.

Steckbrief

Bandlänge: 12 cm
Anfang: umwickelte Schlaufe
Ende: 2 Zöpfe von jeweils etwa 10 cm Länge
Geknüpft wird durchgehend einseitig von links nach rechts.

Überdeckungen durch die jeweiligen Unterfäden (siehe Zwischenmuster, S. 10) werden bei diesem Bändchen immer von rechts nach links geknüpft.

Die Fäden

22 Fäden (von links nach rechts):

RF0 rot	(22) / 110 cm (für die Schlaufe)
F1 rot	(22) / 100 cm
F2 rot	(22) / 100 cm
F3 rot	(22) / 100 cm
F4 rot	(22) / 100 cm
F5 rot	(22) / 100 cm
F6 schwarz	(403) / 100 cm
F7 schwarz	(403) / 100 cm
F8 schwarz	(403) / 100 cm
F9 schwarz	(403) / 100 cm
F10 schwarz	(403) / 100 cm
F11 grün	(212) / 90 cm
F12 grün	(212) / 90 cm
F13 grün	(212) / 90 cm
F14 grün	(212) / 90 cm
F15 grün	(212) / 90 cm
F16 gelb	(298) / 90 cm
F17 gelb	(298) / 90 cm
F18 gelb	(298) / 90 cm
F19 gelb	(298) / 90 cm
F20 gelb	(298) / 90 cm
RF0 rot	(22) / 110 cm (für die Schlaufe)

So wird's gemacht

A Die Fäden nach der angegebenen Folge sortieren. Soll das Band – wie abgebildet – mit einer Schlaufe begonnen werden, bleibt von jeder Farbe jeweils 1 Faden übrig, der nicht in doppelter Länge zugeschnitten werden kann. Darum werden zweimal 2 verschiedenfarbige Fäden (rot und schwarz, grün und gelb) am Ende leicht zusammengeknotet – oder auch nur zusammengedreht – und mit in die Schlaufe gelegt, die dann vom Randfaden umwickelt wird. Wer es einfacher haben möchte, setzt an Anfang und Ende jeweils 1 Zopf.

B Dann das gesamte Bändchen entsprechend dem Knüpfmuster einseitig von links nach rechts knüpfen. Jede Reihe mit 1 Arbeitsfaden hat 19 Knoten sowie zusätzlich am Anfang und Ende einen Rand-Wendeknoten (RWK, siehe S. 8), der mit dem Randfaden RF0 rot ausgeführt wird.

Hauptteil – einseitig von links nach rechts:

F1 rot: 1 RWK Ü rot, 1.-4.K rot, 5.K Ü schwarz, 6.K Ü schwarz, 7.K Ü schwarz, 8.K Ü schwarz, 9.K Ü schwarz, 10.-19.K rot + 1 RWK Ü rot

F2 rot: 1 RWK Ü rot, 1.-3.K rot, 4.K Ü schwarz, 5.-7 K rot, 8.K Ü schwarz, 9.+10.K rot, 11.K Ü grün, 12.-15.K rot, 16.K Ü gelb, 17.-19.K rot + 1 RWK Ü rot

F3 rot: 1 RWK Ü rot, 1.+2.K rot, 3.K Ü schwarz, 4.K rot, 5.K Ü schwarz, 6.K rot, 7.K Ü schwarz, 8.K rot, 9. K Ü grün, 10.K Ü grün, 11.K Ü grün, 12.+13.K rot, 14.K Ü gelb, 15.K Ü gelb, 16.K Ü gelb, 17.-19.K rot + 1 RWK Ü rot.

F4 rot: 1 RWK Ü rot, 1.K rot, 2.K Ü schwarz, 3.-5.K rot, 6.K Ü schwarz, 7.K Ü grün, 8.K rot, 9.K Ü grün, 10.K rot, 11.K Ü grün, 12.K Ü gelb, 13.K rot, 14.K Ü gelb, 15.K rot, 16.K Ü gelb, 17.-19.K rot + 1 RWK Ü rot

F5 rot: 1 RWK Ü rot, 1.K Ü schwarz, 2.K Ü schwarz, 3.K Ü schwarz, 4.K Ü schwarz, 5.K Ü schwarz, 6.K rot, 7.K Ü grün, 8.K Ü grün, 9.K Ü grün, 10.+11.K rot, 12.K Ü gelb, 13.K Ü gelb, 14. K Ü gelb, 15.-19.K rot + 1 RWK Ü rot

F6 schwarz: 1 RWK Ü rot, 1.-6.K schwarz, 7.K Ü grün, 8.-11. K schwarz, 12.K Ü gelb, 13.+14.K schwarz, 15.K Ü rot, 16.K Ü rot, 17.K Ü rot, 18.K Ü rot, 19.K Ü rot + 1 RWK Ü rot

F7 schwarz: 1 RWK Ü rot, 1.-5. K schwarz, 6.K Ü grün, 7.-10.K schwarz, 11.K Ü gelb, 12.+13.K schwarz, 14.K Ü rot, 15.-17.K schwarz, 18.K Ü rot, 19.K schwarz + 1 RWK Ü rot

F8 schwarz: 1 RWK Ü rot, 1.-3.K schwarz, 4.K Ü grün, 5.K schwarz, 6.K Ü grün, 7.+8.K schwarz, 9.K Ü gelb, 10.K schwarz, 11.K Ü gelb, 12.K schwarz, 13.K Ü rot, 14.K schwarz, 15.K Ü rot, 16.K schwarz, 17.K Ü rot, 18.+19.K schwarz + 1 RWK Ü rot

F9 schwarz: 1 RWK Ü rot, 1.K schwarz, 2.K Ü grün, 3.-5.K schwarz, 6.K Ü grün, 7.K Ü gelb, 8.-10.K schwarz, 11.K Ü gelb, 12.K Ü rot, 13.-15.K schwarz, 16.K Ü rot, 17.-19.K schwarz + 1 RWK Ü rot

F10 schwarz: 1 RWK Ü rot, 1.-10.K schwarz, 11.K Ü rot, 12.K Ü rot, 13.K Ü rot, 14.K Ü rot, 15.K Ü rot, 16.-19.K schwarz + 1 RWK Ü rot

F11 grün: 1 RWK Ü rot, 1.-4. K grün, 5.K Ü gelb, 6.K Ü gelb, 7.K Ü gelb, 8.K Ü gelb, 9.K Ü gelb, 10.-19.K grün + 1 RWK Ü rot

F12 grün: 1 RWK Ü rot, 1.-3.K grün, 4.K Ü gelb, 5.-7.K grün, 8.K Ü gelb, 9.+10.K grün, 11.K Ü rot, 12.-15.K grün, 16.K Ü schwarz, 17.-19.K grün + 1 RWK Ü rot

F13 grün: 1 RWK Ü rot, 1.+2.K grün, 3.K Ü gelb, 4.K grün, 5.K Ü gelb, 6.K grün, 7.K Ü gelb, 8.K grün, 9.K Ü rot, 10.K Ü rot, 11.K Ü rot, 12.+13.K grün, 14.K Ü schwarz, 15.K Ü schwarz, 16.K Ü schwarz, 17.-19.K grün + 1 RWK Ü rot

F14 grün: 1 RWK Ü rot, 1.K grün, 2.K Ü gelb, 3.-5.K grün, 6.K Ü gelb, 7.K Ü rot, 8.K grün, 9.K Ü rot, 10.K grün, 11.K Ü rot, 12.K Ü schwarz, 13.K grün, 14.K Ü schwarz, 15.K grün, 16.K Ü schwarz, 17.-19.K grün + 1 RWK Ü rot

F15 grün: 1 RWK Ü rot, 1.K Ü gelb, 2.K Ü gelb, 3.K Ü gelb, 4.K Ü gelb, 5.K Ü gelb, 6.K grün, 7.K Ü rot, 8.K Ü rot, 9.K Ü rot, 10.+11.K grün, 12.K Ü schwarz, 13.K Ü schwarz, 14.K Ü schwarz, 15.-19.K grün + 1 RWK Ü rot

F16 gelb: 1 RWK Ü rot, 1.-6.K gelb, 7.K Ü rot, 8.-11.K gelb, 12.K Ü schwarz, 13.+14.K gelb, 15.K Ü grün, 16.K Ü grün, 17.K Ü grün, 18.K Ü grün, 19.K Ü grün + 1 RWK Ü rot

F17 gelb: 1 RWK Ü rot, 1.-5.K gelb, 6.K Ü rot, 7.-10.K gelb, 11.K Ü schwarz, 12.+13.K gelb, 14.K Ü grün, 15.-17.K gelb, 18.K Ü grün, 19.K gelb + 1 RWK Ü rot

F18 gelb: 1 RWK Ü rot, 1.-3.K gelb, 4.K Ü rot, 5.K gelb, 6.K Ü rot, 7.+8.K gelb, 9.K Ü schwarz, 10.K gelb, 11.K Ü schwarz, 12.K gelb, 13.K Ü grün, 14.K gelb, 15.K Ü grün, 16.K gelb, 17.K Ü grün, 18.+19.K gelb + 1 RWK Ü rot

F19 gelb: 1 RWK Ü rot, 1.K gelb, 2.K Ü rot, 3.-5.K gelb, 6.K Ü rot, 7.K Ü schwarz, 8.-10.K gelb, 11.K Ü schwarz, 12.K Ü grün, 13.-15.K gelb, 16.K Ü grün, 17.-19.K gelb + 1 RWK Ü rot

F20 gelb: 1 RWK Ü rot, 1.-10.K gelb, 11.K Ü grün, 12.K Ü grün, 13.K Ü grün, 14.K Ü grün, 15.K Ü grün, 16.-19.K gelb + 1 RWK Ü rot

C Den Hauptteil insgesamt noch einmal knüpfen, abschließend zusätzlich die ersten zehn Reihen mit den Arbeitsfäden F1 rot bis F10 schwarz anfügen.

Armband »Guatemala« (Abbildung S. 24/25)

Die typischen leuchtenden Farben der Indios in Südamerika präsentiert dieses Band. Besonders die Blautöne wirken intensiv und frisch. Ein Blickfang nicht nur für Ethno-Freaks!

Steckbrief

Bandlänge: 13,5 cm
Anfang: umwickelte Schlaufe
Ende: 2 Zöpfe von jeweils etwa 7 cm Länge
Geknüpft wird beidseitig im Zickzack-Muster von außen nach innen bzw. von innen nach außen.

Die Fäden

16 Fäden (von außen nach innen):

li und re F1 gold	(309) / je	100 cm (für die Schlaufe)
li und re F2 gelb	(306) / je	90 cm
li und re F3 dunkelblau	(150) / je	90 cm
li und re F4 malve	(98) / je	110 cm
li und re F5 lila	(101) / je	110 cm
li und re F6 mittelblau	(170) / je	110 cm
li und re F7 hellblau	(410) / je	90 cm
li und re F8 mittelblau	(851) / je	80 cm

Mein Tip:

Es empfiehlt sich, die fast gleichfarbigen Fäden F6 und F8 mittelblau durch Fädchen zu kennzeichnen (siehe S. 8). Aufpassen bei den Wendeknoten (siehe Seite 10).

So wird's gemacht

A Die Fäden nach der angegebenen Folge sortieren und entsprechend dem folgenden Knüpfschema zunächst den Anfang anlegen.

Durch Richtungswechsel ab den Wendeknoten entsteht das Zickzack-Muster, d. h. die beiden inneren Fäden ändern die Richtung abwechselnd beim Wende- oder Mittelknoten, während der äußere Faden einmal bis zum Wendeknoten und einmal bis nach außen geknüpft wird.

Es liegen jeweils nur 5 linke und rechte Arbeitsfäden an der Oberfläche, während die übrigen 3 als Unterfäden dienen.

Anfang – beidseitig von außen nach innen:

li und re F1 gold:	je 1.-7.K gold + 1 MK gold
li und re F2 gelb:	je 1.-7.K gelb + 1 MK gelb
li und re F3 dunkelblau:	je 1.-7.K dunkelblau + 1 MK dunkelblau

B Nun folgen mehrere Zwischenteile, bevor das Mittelstück geknüpft wird.

Zwischenteil A – beidseitig von außen nach innen:

1 li und re F4 malve:	je 1.-7.K malve + 1 MK malve
2 li und re F5 lila:	je 1.-5.K lila + je 1 WK lila
3 li und re F6 mittelblau:	je 1.-3.K mittelblau (170) + je 1 WK mittelblau (170)
4 li und re F7 hellblau:	je 1.K hellblau + je 1 WK hellblau

Zwischenteil B – entgegengesetzt beidseitig von innen nach außen ab Wendeknoten:

5 li und re F7 hellblau:	je 1 K hellblau (nach außen)
6 li und re F6 mittelblau:	je 1. + 2.K mittelblau (170) + je 1 WK mittelblau (170)
7 li und re F5 lila:	je 1.+2.K lila + je 1 WK lila
8 li und re F4 malve ab MK:	je 1.+2.K malve + je 1 WK malve
9 li und re F3 dunkelblau aus der Mitte:	1 MK dunkelblau + je 1 WK dunkelblau

Die Zeichnung zeigt auf der rechten Seite die Arbeitsgänge in den Zwischenteilen A (1 bis 4), B (5 bis 9) und C (10 bis 14). Links wird zur besseren Übersicht nur die Fadenfolge angegeben. Linien mit Richtungspfeilen stehen für die Arbeitsfäden, die übrigen für die Unterfäden.

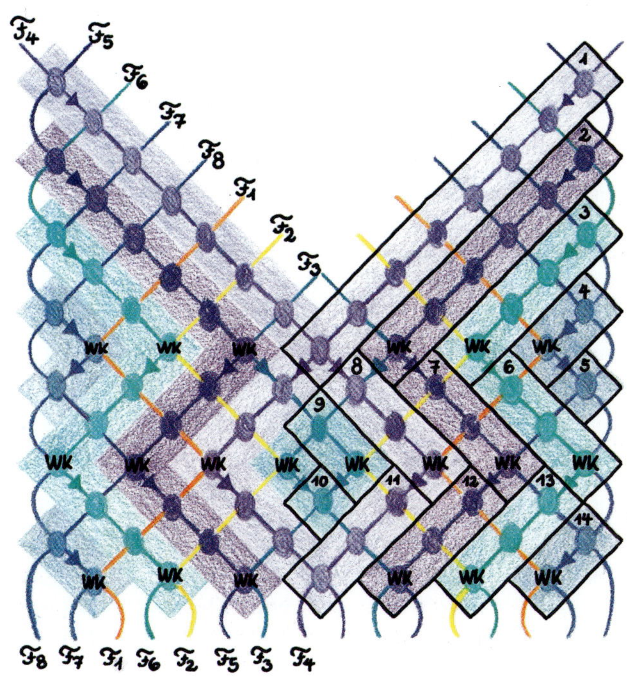

Zwischenteil C – entgegengesetzt beidseitig von außen nach innen ab Wendeknoten:

10 li und re F3 dunkelblau:	1 MK dunkelblau
11 li und re F4 malve:	je 1.-2.K malve + 1 MK malve
12 li und re F5 lila:	je 1.+2.K lila + je 1 WK lila
13 li und re F6 mittelblau:	je 1.+2.K mittelblau (170) + je 1 WK mittelblau (170)
14 li und re F7 hellblau von außen:	je 1.K hellblau + je 1 WK hellblau

C Nun werden der Reihe nach die Zwischenteile B und C zusammen dreimal wiederholt; es folgt ein weiteres Mal Zwischenteil B. Um dann das erste blau-lilafarbene Teilstück abzuschließen, knüpft man mit allen 5 Arbeitsfäden zurück zur Mitte:

Zurück beidseitig von außen nach innen ab Wendeknoten:

li und re F3 dunkelblau:	1 MK dunkelblau
li und re F4 malve:	je 1.+2.K malve + 1 MK malve
li und re F5 lila:	je 1.-4.K lila + 1 MK lila
li und re F6 mittelblau:	je 1.-6.K mittelblau + 1 MK mittelblau
li und re F7 hellblau von außen:	je 1.-7.K hellblau + 1 MK hellblau

D Es folgt der Anfang des Mittelstücks, in dessen Anschluß die neuen Zwischenteile D und E geknüpft werden.

Mittelteil/Anfang – beidseitig von außen nach innen:

li und re F8 mittelblau:	je 1.-7.K mittelblau (851) + 1 MK mittelblau (851)
li und re F1 gold:	je 1.-5.K gold + je 1 WK gold
li und re F2 gelb:	je 1.-3.K gelb + je 1 WK gelb
li und re F3 dunkelblau:	je 1.K dunkelblau + je 1 WK dunkelblau

Zwischenteil D – entgegengesetzt beidseitig von innen nach außen ab Wendeknoten:

li und re F3 dunkelblau:	je 1 K dunkelblau (nach außen)
li und re F2 gelb:	je 1.+2.K gelb + je 1 WK gelb
li und re F1 gold:	je 1.+2.K gold + je 1 WK gold
li und re F8 mittelblau ab MK:	je 1.+2.K mittelblau (851) + je 1 WK mittelblau (851)
li und re F7 hellblau aus Mitte:	1 MK hellblau + je 1 WK hellblau

Zwischenteil E – entgegengesetzt beidseitig von außen nach innen ab Wendeknoten:

li und re F7 hellblau:	1 MK hellblau
li und re F8 mittelblau:	je 1.+2.K mittelblau (851) + 1 MK mittelblau (851)
li und re F1 gold:	je 1.+2.K gold + je 1 WK gold
li und re F2 gelb:	je 1.+2.K gelb + je 1 WK gelb
li und re F3 dunkelblau von außen:	je 1.K dunkelblau + je 1 WK dunkelblau

E Zur Verlängerung des Mittelstücks werden Zwischenteil D und E zusammen dreimal wiederholt; hierauf noch einmal Zwischenteil D knüpfen. Zum Abschluß des Mittelteils knüpft man mit den 5 Arbeitsfäden folgendermaßen zur Mitte zurück:

Mittelteil/Ende – zurück beidseitig von außen nach innen ab Wendeknoten:

li und re F7 hellblau:	1 MK hellblau
li und re F8 mittelblau:	je 1.+2.K mittelblau (851) + 1 MK mittelblau (851)
li und re F1 gold:	je 1.-4.K gold + 1 MK gold
li und re F2 gelb:	je 1.-6.K gelb + 1 MK gelb
li und re F3 dunkelblau von außen:	je 1.-7.K dunkelblau + 1 MK dunkelblau

F Das dritte Teilstück wird in den Farben des ersten geknüpft. Dazu Zwischenteil A einmal wiederholen, danach Zwischenteil B und C zusammen fünfmal anlegen.
Abschließend wird mit allen Arbeitsfäden bis ganz nach außen geknüpft:

Abschluß – beidseitig von innen nach außen ab Wendeknoten:

li und re F7 hellblau:	je 1 K hellblau
li und re F6 mittelblau:	je 1.-3.K mittelblau (170)
li und re F5 lila:	je 1.-5.K lila
li und re F4 malve ab MK:	je 1.-7.K malve
li und re F3 dunkelblau aus der Mitte:	1 MK dunkelblau + je 1.-7.K dunkelblau
li und re F2 gelb aus der Mitte:	1 MK gelb + je 1.-6.K gelb (beim 2. Knoten je 2 Unterfäden auf einmal umknüpfen)
li und re F1 gold aus der Mitte:	1 MK gold + je 1.-5.K gold (beim 1. und 3. Knoten je 2 Unterfäden auf einmal umknüpfen)

Armband »Liane«

(Abbildung S. 26/27 links)

Zarte Verschlingungen, die dezent an die komplexeren Muster heranführen. Beim Knüpfen dieses Bands ahnt man, was aus Farben, Linien und geometrischen Figuren alles zu machen ist!

Steckbrief

Bandlänge: 13 cm
Anfang: geflochtene Schlaufe
Ende: 2 Zöpfe von jeweils etwa 10 cm Länge
Geknüpft wird beidseitig im Zickzack-Muster von außen nach innen bzw. von innen nach außen.

Die Fäden

16 Fäden (von außen nach innen):

li und re F1 schwarz	(403) / je	70 cm
li und re F2 gelb	(307) / je	70 cm
li und re F3 gold	(309) / je	70 cm
li und re F4 schwarz	(403) / je	80 cm
li F5 grün (188) und re F5 rosa	(895) / je	120 cm
li und re F6 schwarz	(403) / je	120 cm
li und re F7 gold	(309) / je	120 cm
li und re F8 gelb	(307) / je	110 cm

So wird's gemacht

A Die Fäden in der angegebenen Folge sortieren und nach dem Knüpfschema zunächst den Anfang arbeiten.

Hinweis:
Das Zickzack-Muster wird wie für das Band »Guatemala« (siehe S. 23-25) gearbeitet, wobei hier die Arbeitsgänge jeweils 1 Knoten kürzer sind. Durchgehend wird mit denselben 5 Arbeitsfäden (F4 bis F8) geknüpft; F1 bis F3 dienen als Unterfäden und werden lediglich für 1 Reihe am Anfang und Ende des Bandes als Arbeitsfäden benötigt.
F5 ist links grün und rechts rosa; beim Knüpfen wechseln die Fäden immer nach dem Mittelknoten die Seite. Die Mittelknoten mit F5 können daher grün oder rosa geknüpft werden – in diesem Fall immer abwechselnd. Im Text ist hierfür jeweils die Oberfarbe angegeben – z. B. 1 MK grün oben –, was bedeutet, daß dieser Mittelknoten mit dem grünen Faden zu knüpfen ist.

Anfang – beidseitig von außen nach innen:

li und re F1 schwarz:	je 1.-7.K schwarz + 1 MK schwarz
li und re F2 gelb:	je 1.-7.K gelb + 1 MK gelb
li und re F3 gold:	je 1.-7.K gold + 1 MK gold
li und re F4 schwarz:	je 1.-7.K schwarz + 1 MK schwarz
li und re F5 grün/rosa:	je 1.-7.K grün/rosa + 1 MK grün oben
li und re F6 schwarz:	Je 1.-5.K schwarz + je 1 WK schwarz
li und re F7 gold:	je 1.-3.K gold + je 1 WK gold
li und re F8 gelb:	je 1.K gelb + je 1 WK gelb

B Es folgt das Grundmuster des Bändchens (Zwischenteil), für das folgendermaßen zu knüpfen ist:

Zwischenteil/Anfang – entgegengesetzt beidseitig von innen nach außen ab Wendeknoten:

li und re F8 gelb:	je 1 K gelb (nach außen ablegen)
li und re F7 gold:	je 1.K gold + je 1 WK gold
li und re F6 schwarz:	je 1.K schwarz + je 1 WK schwarz
li und re F5 rosa/grün ab MK:	je 1.K rosa/grün + je 1 WK rosa/grün
li und re F4 schwarz aus der Mitte:	1 MK schwarz

Zwischenteil/Mitte 1 – entgegengesetzt beidseitig von außen nach innen ab Wendeknoten:

li und re F5 rosa/grün:	je 1.K rosa/grün + 1 MK rosa oben
li und re F6 schwarz:	je 1.K schwarz + je 1 WK schwarz
li und re F7 gold:	je 1.K gold + je 1 WK gold
li und re F8 gelb von außen:	je 1.K gelb + je 1 WK gelb

Zwischenteil/Mitte 2 – entgegengesetzt beidseitig von innen nach außen ab Wendeknoten:

li und re F8 gelb:	je 1 K gelb (nach außen ablegen)
li und re F7 gold:	je 1. K gold + je 1 WK gold
li und re F6 schwarz:	je 1.K schwarz + je 1 WK schwarz
li und re F5 grün/rosa ab MK:	je 1.K grün/rosa + je 1 WK grün/rosa
li und re F4 schwarz aus der Mitte:	1 MK schwarz

Zwischenteil/Ende – entgegengesetzt beidseitig von außen nach innen ab Wendeknoten:

li und re F5 grün/rosa:	je 1.K grün/rosa + 1 MK grün oben
li und re F6 schwarz:	je 1.K schwarz + je 1 WK schwarz
li und re F7 gold:	je 1.K gold + je 1 WK gold
li und re F8 gelb von außen:	je 1.K gelb + je 1 WK gelb

C Dieses Grundmuster noch elfmal wiederholen und zum Abschluß des Bändchens mit allen Arbeitsfäden bis ganz an den Rand nach außen knüpfen:

Abschluß – zurück beidseitig von innen nach außen ab Wendeknoten:

li und re F8 gelb:	je 1 K gelb
li und re F7 gold:	je 1.-3.K gold
li und re F6 schwarz:	je 1.-5.K schwarz
li und re F5 rosa/grün ab MK:	je 1.-7.K rosa/grün
li und re F4 schwarz aus der Mitte:	1 MK schwarz + je 1.-7.K schwarz
li und re F3 gold aus der Mitte:	1 MK gold + je 1.-7.K gold
li und re F2 gelb aus der Mitte:	1 MK gelb + je 1.-7.K gelb
li und re F1 schwarz aus der Mitte:	1 MK schwarz + je 1.-7.K schwarz

Armband »Shakti«

(Abbildung rechts)

Eine in der Farbgestaltung einheitlichere Variante von »Liane« (siehe Abbildung links), die auch durch die schmal wirkenden Formen besticht!

Steckbrief

Bandlänge: 13 cm
Anfang: geflochtene Schlaufe
Ende: 2 Zöpfe von jeweils etwa 7 cm Länge
Geknüpft wird beidseitig im Zickzack-Muster von außen nach innen bzw. von innen nach außen.

Die Fäden

16 Fäden (von außen nach innen):

li und re F1 gold	(375) / je 110 cm
li und re F2 gold	(375) / je 70 cm
li und re F3 rot	(94) / je 70 cm
li und re F4 hellblau	(168) / je 70 cm
li F5 rot (94) / re F5 hellblau	(168) / je 80 cm
li F6 rot (94) / re F6 hellblau	(168) / je 120 cm
li und re F7 blau	(170) / je 120 cm
li und re F8 blau	(170) / je 120 cm

Mein Tip:

Die gleichfarbigen Fäden F1 und F2 gold, F7 und F8 blau sowie F3, F5 und F6 rot bzw. F4, F5 und F6 hellblau unbedingt durch Fädchen markieren (siehe S. 8).

So wird's gemacht

A Die Fäden in der angegebenen Folge sortieren und nach dem Knüpfschema zunächst den Anfang arbeiten.

Hinweis:
Das Zickzack-Muster wird genau wie für das vorhergehende Band »Liane« (siehe S. 25/26) gearbeitet; unterschiedlich sind nur die Farbfolge (jeweils zwei gleichfarbige Arbeitsfäden nebeneinander) sowie die Tatsache, daß hier jeweils 2 Fäden (F5 und F6) links und rechts verschiedenfarbig sind.

Durchgehend wird mit denselben 5 Arbeitsfäden (F5, F6, F7, F8 und F1) geknüpft; F2 bis F4 dienen als Unterfäden und werden lediglich für 1 Reihe am Anfang und Ende des Bandes als Arbeitsfäden benötigt. Nach jedem Mittelknoten wechseln die verschiedenfarbigen linken und rechten Fäden F5 und F6 wieder die Seiten (weitere Erläuterungen siehe Band »Liane«, S.25, und Zeichnung S.28).

Anfang – beidseitig von außen nach innen:

li und re F1 gold:	je 1.-7.K gold + 1 MK gold
li und re F2 gold:	je 1.-7.K gold + 1 MK gold
li und re F3 rot:	je 1.-7.K rot + 1 MK rot
li und re F4 hellblau:	je 1.-7.K hellblau + 1 MK hellblau
1 li und re F5 rot/hellblau:	je 1.-7.K rot/hellblau + 1 MK hellblau oben
2 li und re F6 rot/hellblau:	je 1.-7.K rot/hellblau + 1 MK hellblau oben
3 li und re F7 blau:	je 1.-5.K blau + je 1 WK blau
4 li und re F8 blau:	je 1.-3.K blau + je 1 WK blau
5 li und re F1 gold:	je 1.K gold + je 1 WK gold

B Es folgen zwei Zwischenteile A und B, für die folgendermaßen zu knüpfen ist:

Zwischenteil A/Anfang – entgegengesetzt beidseitig von innen nach außen ab Wendeknoten:

6 li und re F1 gold:	je 1 K gold (nach außen ablegen)
7 li und re F8 blau:	je 1.K blau + je 1 WK blau
8 li und re F7 blau:	je 1.K blau + je 1 WK blau
9 li und re F6 hellblau/rot ab MK:	je 1.K hellblau/rot + je 1 WK hellblau/rot
10 li und re F5 hellblau/rot aus der Mitte:	1 MK rot oben

Zwischenteil A/Ende – entgegengesetzt beidseitig von außen nach innen ab Wendeknoten:

11 li und re F6 hellblau/rot:	je 1.K hellblau/rot + 1 MK hellblau oben
12 li und re F7 blau:	je 1.K blau + je 1 WK blau
13 li und re F8 blau:	je 1.K blau + je 1 WK blau
14 li und re F1 gold von außen:	je 1.K gold + je 1 WK gold

Zwischenteil B/Anfang – entgegengesetzt beidseitig von innen nach außen ab Wendeknoten:

15 li und re F1 gold:	je 1 K gold (nach außen ablegen)
16 li und re F8 blau:	je 1.K blau + je 1 WK blau
17 li und re F7 blau:	je 1.K blau + je 1 WK blau
18 li und re F6 rot/hellblau ab MK:	je 1.K rot/hellblau + je 1 WK rot/hellblau
19 li und re F5 rot/hellblau aus der Mitte:	1 MK rot oben

Zwischenteil B/Ende – entgegengesetzt beidseitig von außen nach innen ab Wendeknoten:

20 li und re F6 rot/hellblau:	je 1.K rot/hellblau + 1 MK hellblau oben
21 li und re F7 blau:	je 1.K blau + je 1 WK blau
22 li und re F8 blau:	je 1.K blau + je 1 WK blau
23 li und re F1 gold von außen:	je 1.K gold + je 1 WK gold

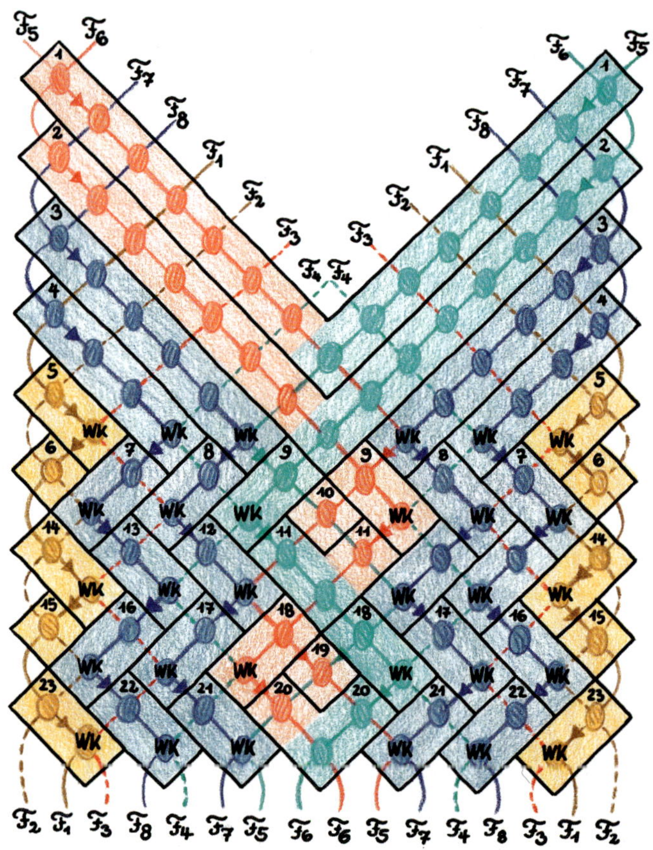

Gezeigt sind die Arbeitsgänge 1 bis 5 (Musteranfang), 6 bis 14 (Zwischenteil A) sowie 15 bis 23 (Zwischenteil B). Mit Richtungspfeilen versehene Linien geben den Lauf der Arbeitsfäden wieder, gestrichelte Linien den der Unterfäden (F2 bis F4); alle anderen verweisen auf den Lauf der vorübergehenden Unterfäden.

C Nun werden A und B zusammen zweimal wiederholt; anschließend Teil A noch einmal anfügen.
Jetzt werden die Farben in der Mitte durch die jeweiligen Mittelknoten von F5 und F6 gewechselt:

Zwischenteil C/Anfang – entgegengesetzt beidseitig von innen nach außen ab Wendeknoten:

li und re F1 gold:	je 1 K gold (nach außen ablegen):
li und re F8 blau:	je 1.K blau + je 1 WK blau
li und re F7 blau:	je 1.K blau + je 1 WK blau
li und re F6 rot/hellblau ab MK:	je 1.K rot/hellblau + je 1 WK rot/hellblau
li und re F5 rot/hellblau aus der Mitte:	1 MK hellblau oben

Zwischenteil C/Ende – entgegengesetzt beidseitig von außen nach innen ab Wendeknoten:

li und re F6 rot/hellblau:	je 1.K rot/hellblau + 1 MK rot oben
li und re F7 blau:	je 1.K blau + je 1 WK blau
li und re F8 blau:	je 1.K blau + je 1 WK blau
li und re F1 gold von außen:	je 1.K gold + je 1 WK gold

Zwischenteil D/Anfang – entgegengesetzt beidseitig von innen nach außen ab Wendeknoten:

li und re F1 gold:	je 1 K gold (nach außen ablegen)
li und re F8 blau:	je 1.K blau + je 1 WK blau
li und re F7 blau:	je 1.K blau + je 1 WK blau
li und re F6 hellblau/rot ab MK:	je 1.K hellblau/rot + je 1 WK hellblau/rot
li und re F5 hellblau/rot aus der Mitte:	1 MK hellblau oben

Zwischenteil D/Ende – entgegengesetzt beidseitig von außen nach innen ab Wendeknoten:

li und re F6 hellblau/rot:	je 1.K hellblau/rot + 1 MK rot oben
li und re F7 blau:	je 1.K blau + je 1 WK blau
li und re F8 blau:	je 1.K blau + je 1 WK blau
li und re F1 gold von außen:	je 1.K gold + je 1 WK gold

D Die Zwischenteile C und D nacheinander noch dreimal knüpfen und ein weiteres Mal Teil C anfügen. Innerhalb der daran anschließenden Wiederholung der Teile A und B (zusammen dreimal) kehren die Farben der Mitte wieder in ihre ursprüngliche Position zurück.
Erneut Teil A anfügen und dann zum Abschluß des Bändchens mit allen Arbeitsfäden bis ganz nach außen knüpfen:

Abschluß – zurück beidseitig von innen nach außen ab Wendeknoten:

li und re F1 gold:	je 1 K gold
li und re F8 blau:	je 1.-3.K blau
li und re F7 blau:	je 1.-5.K blau
li und re F6 rot/hellblau ab MK:	je 1.-7.K rot/hellblau
li und re F5 rot/hellblau aus der Mitte:	1 MK rot oben - danach Wechsel auf li hellblau/re rot + je 1.-7.K li hellblau/re rot
li und re F4 hellblau aus der Mitte:	1 MK hellblau + je 1.-7.K hellblau
li und re F3 rot aus der Mitte:	1 MK rot + je 1.-7.K rot
li und re F2 gold aus der Mitte:	1 MK gold + je 1.-7.K gold
li und re F1 gold aus der Mitte:	1 MK gold + je 1.-7.K gold

Armbändchen »Nico«

(Abbildung S. 31)

Soll's mal ein wenig »Rasta« sein? Bob Marley hätte sich bestimmt über dieses Bändchen gefreut! Aber auch wenn die Haartracht nicht entsprechend ist, wird diese Idee eine Bereicherung sein.

Steckbrief

Bandlänge: 14 cm
Anfang: umwickelte Schlaufe
Ende: 2 Zöpfe von jeweils etwa 10 cm Länge
Geknüpft wird beidseitig im Rippchen-Muster - abwechselnd von außen nach innen bzw. von innen nach außen.

Die Fäden

14 Fäden (von außen nach innen):

li und re F1 braun	(381)	/ je 100 cm
li und re F2 rosa	(895)	/ je 100 cm
li und re F3 grün	(188)	/ je 100 cm
li und re F4 gelb	(298)	/ je 100 cm
li und re F5 kupfer	(310)	/ je 100 cm
li und re F6 rot	(897)	/ je 100 cm
li und re F7 gold	(308)	/ je 110 cm (für die Schlaufe)

Hinweis:
Für dieses Bändchen teilt man die Fäden an verschiedenen Stellen in Gruppen auf und knüpft dann separate »Rippchen«.
Am Ende des jeweiligen Musters werden sie wieder zu einer verbundenen Reihe zusammengeknüpft.

So wird's gemacht

A Die Fäden nach der angegebenen Folge sortieren und als Anfang die erste Reihe mit F1 knüpfen:

Anfang – beidseitig von außen nach innen:
li und re F1 braun: je 1.-6.K braun + 1 MK braun

B Nun wird der Zwischenteil A nach folgendem Knüpfschema angelegt:

Zwischenteil A/Anfang – weiter beidseitig von außen nach innen:

li und re F2 rosa:	je 1.-6.K rosa + 1 MK rosa
li und re F3 grün:	je 1.-6.K grün + 1 MK grün
li und re F4 gelb:	je 1.-6.K gelb + 1 MK gelb
li und re F5 kupfer:	je 1.-4.K kupfer + je 1 WK kupfer
li und re F6 rot:	je 1.-2.K rot + je 1 WK rot
li und re F7 gold:	je 1 WK gold

Zwischenteil A/Ende – zurück beidseitig von innen nach außen ab Wendeknoten:

li und re F6 rot:	je 1.+2.K rot
li und re F5 kupfer:	je 1.-4.K kupfer
li und re F4 gelb ab MK:	je 1.-6.K gelb
li und re F3 grün aus der Mitte:	1 MK grün + je 1.-6.K grün
li und re F2 rosa aus der Mitte:	1 MK rosa + je 1.-6.K rosa

C Für den Zwischenteil B werden dann die Fäden in 5 Gruppen (I: ein Mittelrippchen, II: zwei Zwischenrippchen rechts und links der Mitte, III: zwei Außenrippchen) aufgeteilt. Geknüpft wird folgendermaßen (siehe auch Zeichnung unten):

Zwischenteil B/I: Mittelrippchen – beidseitig von innen nach außen:

1 li und re F1 braun aus der Mitte:	1 MK braun, je 1.K braun + je 2.K Ü rot (den braunen Faden F1 je nach außen ablegen und F6 rot nach innen ablegen)
2 li und re F7 gold aus der Mitte:	1 MK gold (Fäden ablegen)

D Ab jetzt wird nur noch mit F7 und F6 gearbeitet; der nach außen abgelegte F1 dient später für die Zwischenrippchen als Unterfaden.

Beidseitig von außen nach innen:

3 li und re F6 rot:	je 1.K rot (über F7) + 1 MK rot

Beidseitig von innen nach außen:

4 li und re F6 rot ab MK:	je 1.K rot (über F7); stramm nach oben ziehen und nach außen ablegen
5 li und re F7 gold:	je 1 MK gold

Beidseitig von außen nach innen:

6 li und re F6 rot:	Fäden nach unten ziehen (um vorhergehenden MK herum) je 1.K rot (über F7) + 1 MK rot

Beidseitig von innen nach außen:

7 li und re F6 rot ab MK:	je 1 K rot (über F7) stramm nach oben ziehen und nach außen ablegen

E Für die Zwischenrippchen knüpft man rechts und links vom Mittelrippchen jeweils mit F1, F5 und F4 - wobei F1 nur Unterfaden ist:

Zwischenteil B/II – Zwischenrippchen:

8 li und re F5 kupfer:	I. von innen nach außen: je 1 WK kupfer (um F4 gelb) II. von außen nach innen: je 1 WK kupfer (um F1 braun)

Weiter beidseitig von außen nach innen:

9 li und re F4 gelb:	je 1.+2.K gelb (über F5 + F1)
10 li und re F5 kupfer:	je 1 K kupfer (über F1)

Weiter beidseitig von innen nach außen:

11 li und re F4 gelb:	je 1.+2.K gelb (über F5 + F1)
12 li und re F5 kupfer:	je 1.+2.K kupfer (über F1 + F4)

F Die Außenrippchen werden jeweils mit F2 und F3 geknüpft, wobei jeweils nur ein **halber Knoten** mit beiden Fäden abwechselnd untereinander angelegt wird. Der Arbeitsfaden wird sofort wieder in die Ausgangsposition zurückgebracht und dient so dem folgenden Knoten als Unterfaden – und umgekehrt.
Die Schlingen immer straffziehen und jeweils fest nach oben schieben.

Zwischenteil B/III – Außenrippchen:

13 li und re F3 grün	von innen nach außen:	je 1/2 K grün
li und re F2 rosa	von außen nach innen:	je 1/2 K rosa
li und re F3 grün	von innen nach außen:	je 1/2 K grün
li und re F2 rosa	von außen nach innen:	je 1/2 K rosa
li und re F3 grün	von innen nach außen:	je 1/2 K grün
li und re F2 rosa	von außen nach innen:	je 1/2 K rosa
li und re F3 grün	von innen nach außen:	je 1/2 K grün
li und re F2 rosa	von außen nach innen:	je 1/2 K rosa
li und re F3 grün:	von innen nach außen:	je 1/2 K grün

Die Zeichnung zeigt die Knüpfweise für Zwischenteil B, in dem die Fäden in 5 Gruppen aufgeteilt werden. Mit den Arbeitsgängen 1 bis 7 entstehen die Mittelrippchen, 8 bis 12 beschreibt das Knüpfen der beiden Zwischenrippchen und 13 die Knüpfweise der Außenrippen mit dem halben Knoten.

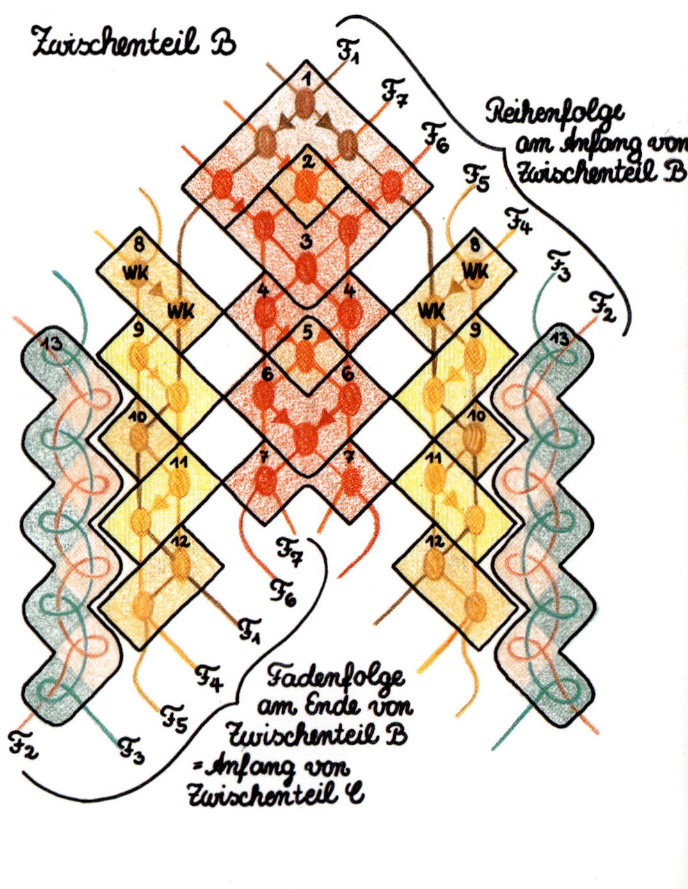

G Bevor mit der ersten Reihe des folgenden Karos (Zwischenteil C) die einzelnen Rippen wieder miteinander verbunden werden, diese gleichmäßig nebeneinanderlegen. Dabei auf die Fadenfolge achten!

Zwischenteil C/Anfang – weiter beidseitig von innen nach außen:

li und re F7 gold aus der Mitte:	1 MK gold, je 1.-5.K gold + je 1 WK gold (Dabei die Knoten, die die Rippchen wieder verbinden, besonders stramm anziehen und die Reihe anschließend in Form ziehen.)
li und re F6 rot aus der Mitte:	1 MK rot, je 1.-3.K rot + je 1 WK rot
li und re F1 braun aus der Mitte:	1 MK braun, je 1.K braun + je 1 WK braun
li und re F4 gelb aus der Mitte:	1 MK gelb

Zwischenteil C/Ende - zurück beidseitig von außen nach innen ab Wendeknoten:

li und re F1 braun:	je 1.K braun + 1 MK braun
li und re F6 rot:	je 1.-3.K rot + 1 MK rot
li und re F7 gold:	je 1.-5.K gold + 1 MK gold

H Rechts und links vom Mittelknoten werden jetzt wieder jeweils zwei kleine separate Rippchen geknüpft (I: zwei Außenrippchen, II: zwei Zwischenrippchen), wobei man diesmal mit den Außenrippchen beginnt (Zwischenteil D).

Zwischenteil D/I – Außenrippchen:

1 li und re F2 rosa	von außen nach innen: je 1 WK rosa (um F3); nach außen ablegen
2 li und re F5 kupfer	von innen nach außen: je 1 K kupfer (über F3); nach außen ablegen
3 li und re F4 gelb	von innen nach außen: je 1 WK gelb (um F3); nach innen ablegen (dient nur als Zwischenknoten)
4 li und re F2 rosa	von außen nach innen: je 1.+2.K rosa (über F5 + F3); nach innen ablegen
5 li und re F5 kupfer	von außen nach innen: je 1 K kupfer (über F3); nach innen ablegen
6 li und re F2 rosa	von innen nach außen: je 1.+2.K rosa (über F5 + F3); nach außen ablegen
7 li und re F5 kupfer	von innen nach außen: je 1 WK kupfer (um F3); nach innen ablegen
8 li und re F2 rosa	von außen nach innen: je 1 K rosa (über F3); nach innen ablegen

Zwischenteil D/II - Zwischenrippchen:

9 li und re F1 braun	von innen nach außen: je 2 WK braun untereinander um F4 knüpfen (danach F1 je nach innen ablegen)
10 li und re F4 gelb	von innen nach außen: je 1 WK gelb (um F5); nach innen ablegen (dient nur als Zwischenknoten)

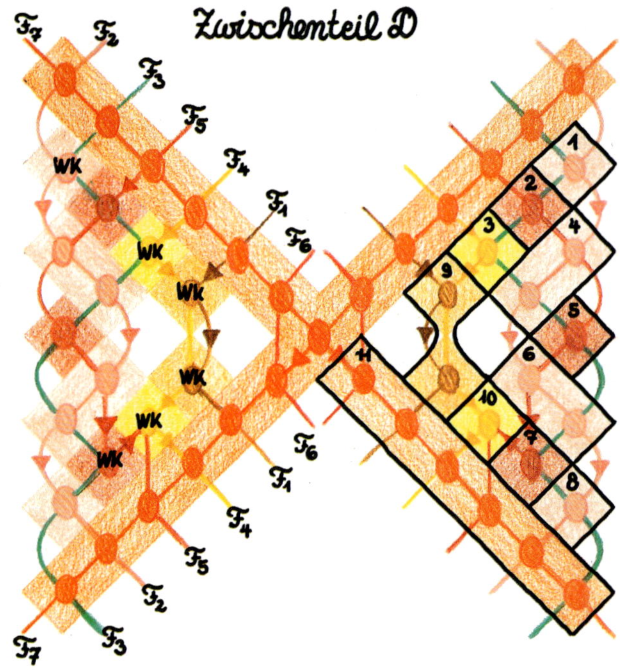

Dargestellt ist das Schema für Zwischenteil D mit Außenrippchen und Zwischenrippchen. Die Arbeitsgänge 1 bis 8 beschreiben das Knüpfen der Außenrippchen, mit 9 und 10 entstehen die Zwischenrippchen. Mit Nummer 11 ist die erste Reihe des folgenden Mittelteils bezeichnet.
Zur besseren Lesbarkeit sind die Arbeitsgänge nur rechts eingezeichnet; aus der linken Seite sind Fadenfolge und Wendeknoten ersichtlich.

I Für den nun folgenden Mittelteil werden zunächst die Rippchen von Zwischenteil C wieder sorgfältig miteinander verbunden.

Mittelteil Anfang – weiter beidseitig von innen nach außen:

11 li und re F7 gold ab MK:	je 1.K gold (über F6) stramm nach oben ziehen + je 2.-6.K gold
li und re F6 rot aus der Mitte:	1 MK rot + je 1.-6.K rot
li und re F1 braun aus der Mitte:	1 MK braun (Fäden ablegen)

Beidseitig von außen nach innen:

li und re F4 gelb:	je 1.K gelb (über F1) + 1 MK gelb
li und re F5 kupfer:	je 1.+2.K kupfer (über F1 + F4) + 1 MK kupfer
li und re F2 rosa:	je 1.-3.K rosa (über F1, F4 + F5) + 1 MK rosa
li und re F3 grün:	je 1.-4.K grün (über F1, F4, F5 + F2) + 1 MK grün

J Erneut werden die Fäden wie in Zwischenteil B an dieser Stelle in 5 Gruppen aufgeteilt (I: ein Mittelrippchen, II: zwei Zwischenrippchen, III: zwei Außenrippchen). Das Mittelrippchen mit 4 Fäden (jeweils F3 und F2) arbeiten.

Mittelteil/I: Mittelrippchen – beidseitig von innen nach außen:

1 li und re F3 grün ab MK: je 1 K grün (über F2); stramm nach oben ziehen und nach außen ablegen
2 li und re F2 rosa: 1 MK rosa

Beidseitig von außen nach innen:

3 li und re F3 grün: (Fäden um vorherigen MK herum nach unten ziehen) je 1.K grün (über F2) + 1 MK grün

K Die Arbeitsgänge **1** bis **3** nacheinander zweimal wiederholen; dann noch einmal die Arbeitsgänge **1** und **2** nacheinander knüpfen.

L Nun folgen erneut rechts und links vom Mittelrippchen die Zwischenrippchen mit jeweils 3 Fäden (F1, F4 und F5), wobei abwechselnd immer 2 Knoten mit einem Faden angelegt werden.

Mittelteil/II: Zwischenrippchen – beidseitig von außen nach innen:

4 li und re F1 braun: je 1.+2.K braun (über F4 + F5)
5 li und re F4 gelb: je 1.+2.K gelb (über F5 + F1)
6 li und re F5 kupfer: je 1.+2.K kupfer (über F1 + F4)

M Die Arbeitsgänge **4** bis **6** nacheinander einmal wiederholen und abschließend noch einmal Arbeitsgang **4** anfügen.

N Jetzt werden die Zwischenrippchen durch das gelbe Kreuz in der Mitte wieder vorübergehend mit dem Mittelrippchen verbunden. Dazu die Rippchen wie beim Zwischenteil C gleichmäßig nebeneinanderlegen. Die Fadenfolge lautet jetzt von außen nach innen: F4, F5, F1, F3, F2.

Beidseitig von außen nach innen:

li und re F4 gelb: je 1.-4.K gelb + 1 MK gelb
li und re F5 kupfer: je 1.+2.K kupfer (nach innen ablegen)
li und re F1 braun: je 1 WK braun (nach außen ablegen)

Zurück beidseitig von innen nach außen:

li und re F5 kupfer: je 1.+2.K kupfer
li und re F4 gelb ab MK: je 1.K gelb (über F2); stramm nach oben ziehen + je 2.-4.K gelb

O An dieser Stelle ist die Hälfte des Bändchens erreicht: Das gesamte Muster wird nun in umgekehrter Reihenfolge bis zum Ende zurückgeknüpft.
Zunächst wieder wie vorher mit den Einzelrippchen arbeiten. Dazu die Arbeitsgänge **2** und **3** (Mittelteil/I: Mittelrippchen) nacheinander einmal wiederholen und darauf die Arbeitsgänge **1** bis **3** zusammen noch dreimal knüpfen.

P Es folgen die Zwischenrippchen in entgegengesetzter Richtung:

Mittelteil/II: Zwischenrippchen – beidseitig von innen nach außen:

7 li und re F1 braun: je 1.+2.K braun
8 li und re F5 kupfer: je 1.+2.K kupfer
9 li und re F4 gelb: je 1.+2.K gelb

Q Die Arbeitsfolge **7** bis **9** einmal wiederholen, dann nochmals den Arbeitsgang **7** knüpfen.
Anschließend werden die Zwischenrippchen wieder mit dem Mittelrippchen verbunden, wobei aus der Mitte heraus mit F3 grün begonnen wird (siehe folgende Knüpfanleitung). Die Fadenfolge lautet jetzt jeweils von innen nach außen: F3, F2, F5, F4, F1.

Beidseitig von innen nach außen:

li und re F3 grün ab MK: je 1.-4.K grün (nach außen ablegen)
li und re F2 rosa: 1 MK rosa, je 1.-3.K rosa (nach außen ablegen)
li und re F5 kupfer: 1 MK kupfer, je 1.+2.K kupfer (nach außen ablegen)
li und re F4 gelb: 1 MK gelb, je 1.K gelb (nach außen ablegen)
li und re F1 braun: 1 MK braun, Fäden ablegen

R Zum Abschluß des Mittelteils werden wieder wie in Zwischenteil B die Außenrippchen angelegt. Sie rahmen das gesamte vorher geknüpfte Mittelstück ein:

10 li und re F7 gold von innen nach außen: je 1/2 K gold (wieder nach innen legen)
11 li und re F6 rot von außen nach innen: je 1/2 K rot (wieder nach außen legen)

S Diese Arbeitsgänge **10** und **11** nacheinander 16mal wiederholen; danach noch einmal den Arbeitsgang **10** knüpfen. Damit ist das Mittelstück abgeschlossen.
Alle 5 Rippchen werden von außen her mit F6 rot wieder sorgfältig miteinander verbunden (siehe folgende Anleitung). Die Fadenfolge lautet jeweils von außen nach innen: F6, F7, F3, F2, F5, F4, F1.

Beidseitig von außen nach innen:

li und re F6 rot: je 1.-6.K rot + 1 MK rot
li und re F7 gold: je 1.-6.K gold + 1 MK gold

T Jetzt den Zwischenteil D einmal wiederholen, wobei folgende Abweichung beim Arbeitsgang 1 (Außenrippchen, S. 32) beachtet werden muß:
li und re F2 rosa von **innen** nach außen: je 1K rosa (über F3); nach außen ablegen
Durch diese Änderung befinden sich F2 und F3 wieder in der richtigen Position, und die Arbeitsgänge **2** bis **10** von Zwischenteil D (S.32) können identisch wiederholt werden.

U Anschließend Zwischenteil C einmal knüpfen, wobei die erste Reihe mit F7 gold ab dem Mittelknoten beginnt, dieser also entfällt.

V Dann wird Zwischenteil B umgekehrt wieder zurückgeknüpft, und zwar folgendermaßen:

I: Mittelrippchen (4 Fäden: jeweils F6 und F7):

li und re F6 rot: von außen nach innen: je 1.K rot (über F7) + 1 MK rot; von innen nach außen: je 1.K rot (über F7); stramm nach oben ziehen und nach außen ablegen

li und re F7 gold: 1 MK gold
li und re F6 rot: Fäden nach unten ziehen (um vorhergehenden MK herum) von außen nach innen: je 1.K rot (über F7) + 1 MK rot; von innen nach außen: je 1.K rot (über F7); stramm nach oben ziehen und nach außen ablegen
li und re F7 gold: 1 MK gold (Fäden ablegen)

W Bevor dann die Mittelrippchen mit der braunen Spitze beendet werden können, sind die Zwischenrippchen mit F5, F4 und F1 zu knüpfen, wobei F1 nur als Unterfaden dient:

II: Zwischenrippchen (3 Fäden: jeweils F5, F4, F1 = Unterfaden)
li und re F5 kupfer von außen nach innen: je 1.K kupfer (über F4) + je 1 WK kupfer (um F1); danach zeigt F5 nach außen, F1 nach innen
li und re F4 gelb von außen nach innen: je 1.+2.K gelb (über F5 + F1), nach innen ablegen
li und re F5 kupfer von außen nach innen: je 1.K kupfer (über F1); nach innen ablegen
li und re F4 gelb von innen nach außen: je 1.+2.K gelb (über F5 + F1); nach außen ablegen
li und re F5 kupfer von innen nach außen: je 1.K kupfer (über F1) + je 1 WK kupfer (um F4); danach zeigt F5 nach innen, F4 nach außen

X Die braune Spitze des Mittelrippchens wird folgendermaßen angelegt:
li und re F1 braun von außen nach innen: je 1.K Ü rot, je 2.K braun (über F7) + 1 MK braun

Y Dann knüpft man die Außenrippchen mit F3 und F2 wie in Zwischenteil B – nur in umgekehrter Position:

III: Außenrippchen (jeweils F3 und F2):
1 li und re F3 grün von außen nach innen: je 1/2 K grün (wieder nach außen legen)
2 li und re F2 rosa von innen nach außen: je 1/2 K rosa (wieder nach innen legen)

Z Die Arbeitsgänge **1** und **2** nacheinander dreimal wiederholen und ein weiteres Mal Arbeitsgang **1** anfügen. Am Ende wird F3 nach innen gelegt, da der Zwischenteil im folgenden mit F2 von außen begonnen wird.
Also Zwischenteil A einmal knüpfen und den Abschluß des Bändchens mit F1 braun arbeiten:

Abschluß – beidseitig von innen nach außen:
li und re F1 braun: 1 MK braun + je 1.-4.K braun (beim 2. und 4. Knoten je 2 Unterfäden auf einmal umknüpfen)

»Indio«-Armband

Ein geometrisches Muster im Look Südamerikas. Wenige, stark kontrastierende Farben betonen die Klarheit des in sich verwobenen Zackenbandes

Steckbrief

Bandlänge: 14 cm
Anfang: umwickelte Schlaufe
Ende: 2 Zöpfe von jeweils etwa 11 cm Länge
Geknüpft wird das durchlaufende Muster vor allem einseitig, aber auch beidseitig.

Die Fäden

20 Fäden (von außen nach innen):

li und re F1 grün	(877) / je	80 cm (für die Schlaufe)
li und re F2 rot	(20) / je	70 cm
li und re F3 schwarz	(403) / je	70 cm
li und re F4 schwarz	(403) / je	90 cm
li und re F5 schwarz	(403) / je	140 cm
li und re F6 schwarz	(403) / je	120 cm
li und re F7 grün	(877) / je	90 cm
li und re F8 rot	(20) / je	120 cm
li und re F9 weiß(-gelb)	(301) / je	120 cm
li und re F10 weiß(-gelb)	(301) / je	120 cm

Mein Tip:

Die gleichfarbigen Fäden F1 und F7 grün, F2 und F8 rot, F9 und F10 weiß sowie F3 bis F6 schwarz unbedingt durch Fädchen markieren (siehe S. 8).

So wird's gemacht

A Die Fäden in der angegebenen Folge sortieren und nach dem Knüpfschema zunächst den Anfang arbeiten.

Hinweis:
Das durchlaufende Muster dieses Bands wird von zwei gerahmten Hauptlinien bestimmt, die die Seiten übergreifen. Daher knüpft man großenteils einseitig, wobei zunächst die linke Seite fertiggestellt sein muß, bevor rechts weitergeknüpft werden kann – und umgekehrt. Lediglich am Anfang und Ende des Bands sowie jeweils im mittleren schwarzen Karo wird beidseitig geknüpft (dazu Angaben in den Knüpfmustern beachten).

Anfang – beidseitig von außen nach innen:

li und re F1 grün:	je 1.-9.K grün + 1 MK grün
li und re F2 rot:	je 1.-9.K rot + 1 MK rot
li und re F3 schwarz:	je 1.-9.K schwarz + 1 Mk schwarz
li und re F4 schwarz:	je 1.-9.K schwarz + 1 MK schwarz

I li und re F5 schwarz:	je 1.-3.K schwarz + je 1 WK schwarz
II li und re F6 schwarz:	je 1.K schwarz + je 1 WK schwarz

Zurück beidseitig von innen nach außen ab Wendeknoten:

III li und re F6 schwarz:	je 1 K schwarz (nach außen)
IV li und re F5 schwarz:	je 1.+2.K schwarz + je 1 WK schwarz

B Durch die kleinen schwarzen Seitendreiecke ist auf der linken und rechten Seite jeweils eine nach oben zeigende Spitze entstanden. In diese wird jetzt mit F9 und F10 jeweils ein Mittelknoten geknüpft. Danach zeigt F9 jeweils nach innen, F10 nach außen:

V li und re F9 und F10 weiß: je 1 MK weiß (links und rechts)

Weiter beidseitig von innen nach außen ab Wendeknoten:
VI li und re F10 weiß: je 1.K weiß + je 1WK weiß

C Nun wird vorerst nur einseitig auf der linken Seite weitergeknüpft:

Einseitig von links nach rechts:

1 li F9 weiß ab MK:	1.-4.K weiß (nach rechts ablegen)
2 li F8 rot:	1.-4.K rot (nach rechts ablegen)
3 li F10 weiß ab WK:	1.-4.K weiß (nach rechts ablegen)

Zwischenteil A/Anfang – weiter einseitig von außen nach innen:

4 li F5 schwarz ab WK:	1.-4.K schwarz + 1 WK schwarz
5 li F6 schwarz von außen:	1.-3.K schwarz + 1 WK schwarz
6 li F7 grün von außen:	1.K grün + 1 WK grün

Zwischenteil A/Ende – zurück einseitig von innen nach außen:

7 li F7 grün:	1 K grün (nach außen)
8 li F6 schwarz:	1.-3.K schwarz (nach außen)
9 li F5 schwarz:	1.-4.K schwarz + 1 WK schwarz

D Weiter geht es auf der rechten Seite - und zwar mit F9, F8 und F10, die von rechts nach links über die Mitte bis in die linke Seite hinein zu knüpfen sind.

Einseitig von rechts nach links:

10 re F9 weiß ab MK:	1.-11.K weiß + 1 WK weiß
11 re F8 rot:	1.-10.K rot + 1 WK rot
12 re F10 weiß ab WK:	1.-9.K weiß + 1 WK weiß

E Es schließt sich auf der rechten Seite geknüpft der Hauptteil an, für den zunächst Zwischenteil A (Arbeitsgänge **4** bis **9**) mit dem jeweiligen rechten Arbeitsfaden angelegt werden muß.

Hauptteil – Anfang

Zwischenteil A – auf der rechten Seite:
Arbeitsgänge 4 bis 9 (siehe S. 36 links und Zeichnung S. 37) mit jeweils rechtem Faden

F Im folgenden Zwischenteil wird zunächst von der Mitte aus mit F9, F8 und F10 in die rechte Seite hineingeknüpft:

Zwischenteil B/Anfang – einseitig von links nach rechts:

13 li F9 weiß:	1.-4.K weiß + 1 WK weiß
14 li F8 rot:	1.-3.K rot + 1 WK rot
15 li F10 weiß:	1.+2.K weiß + 1 WK weiß

G Dann legt man aus der Mitte heraus das kleine schwarze Karo an:

Zwischenteil B/Mitte – beidseitig von innen nach außen:
16 li und re F4 schwarz:1 MK schwarz + je 1 WK schwarz

Zwischenteil B/Mitte – zurück beidseitig von außen nach innen:
17 li und re F4 schwarz ab WK: 1 MK schwarz

H Nun wird das Ende des Zwischenteils auf der linken Seite weitergeknüpft:

Zwischenteil B/Ende – einseitig von links nach rechts ab Wendeknoten:

18 li F10 weiß:	1.-2.K weiß (nach rechts ablegen)
19 li F8 rot:	1.-3.K rot (nach rechts ablegen)
20 li F9 weiß:	1.-4.K weiß (nach rechts ablegen)

I Auf der linken Seite wird Zwischenteil A einmal wiederholt; anschließend auf der rechten Seite mit F10, F8 und F9 bis in die linke Seite hinein weiterknüpfen. Damit ist der Hauptteil abgeschlossen (siehe auch nebenstehende Zeichnung).

Einseitig von rechts nach links ab Wendeknoten:

21 re F10 weiß:	1.-9.K weiß + 1 WK weiß
22 re F8 rot:	1.-9.K rot + 1 WK rot
23 re F9 weiß:	1.-9.K weiß + 1 WK weiß

Hauptteil – Ende

J Den Hauptteil noch achtmal wiederholen, wobei die gleichfarbigen F9 und F10 nach jeder Wiederholung die Positionen wechseln. Die Arbeitsgänge bleiben davon unberührt.

K Darauf rechts einmal den Zwischenteil A knüpfen, Zwischenteil B anschließen und wieder Zwischenteil A – diesmal links – ausarbeiten. Es folgen auf der rechten Seite:

Einseitig von rechts nach links ab Wendeknoten:

re F9 weiß:	1.-9.K weiß + 1 WK weiß
re F8 rot:	1.-10.K rot (nach links ablegen)
re F10 weiß:	1.-11.K weiß (nach links ablegen)

L Ein letztesmal auf der rechten Seite Zwischenteil A wiederholen. Darauf wird einseitig von der Mitte nach rechts weitergeknüpft:

Einseitig von links nach rechts:

li F9 weiß:	1.-4.K weiß + 1 WK weiß
li F8 rot:	1.-4.K rot (nach rechts ablegen)
li F10 weiß:	1.-4.K weiß (nach rechts ablegen)

M Den Schluß bilden beidseitig geknüpfte Reihen:

Schluß – beidseitig von außen nach innen:

li und re F9 weiß ab WK:	je 1.K weiß (über F8) + je 1 MK mit F10 (wie Anfang)
li und re F5 schwarz ab WK:	je 1.+2.K schwarz + je 1 WK schwarz
li und re F6 schwarz von außen:	je 1.K schwarz + je 1 WK schwarz

Schluß – zurück beidseitig von innen nach außen ab Wendeknoten:

li und re F6 schwarz:	je 1.K schwarz (nach außen)
li und re F5 schwarz:	je 1.-3.K schwarz (nach außen)
li und re F4 schwarz aus der Mitte:	1 MK schwarz + je 1.-9.K schwarz
li und re F3 schwarz aus der Mitte:	1 MK schwarz + je 1.-9.K schwarz
li und re F2 rot aus der Mitte:	1 MK rot + je 1.-8.K rot (beim 3. Knoten 2 Unterfäden auf einmal umknüpfen)
li und re F1 grün aus der Mitte:	1 MK grün + je 1.-7.K grün (beim 2. und 5. Knoten je zwei Unterfäden auf einmal umknüpfen)

Die Zeichnung zeigt den Anfang und das sich ständig wiederholende Grundmuster des Bands. F1, F2 und F3 sind nur Unterfäden und werden als Arbeitsfäden nur für je 1 Reihe am Anfang und Ende benötigt (gestrichelte Linie). Den Musteranfang bilden 4 Reihen beidseitig bis zur Mitte, die Arbeitsgänge I bis VI (beidseitig geknüpft) sowie 1 bis 12 (einseitig geknüpft). Der Hauptteil besteht aus den Arbeitsgängen 13 bis 23, wobei der Zwischenteil A (Arbeitsgänge 4 bis 9) auf der rechten und linken Seite je einmal wiederholt wird.

(Zur bessseren Übersichtlichkeit sind die beiden F5 und F9 mit unterschiedlichen Farben angegeben.)

Halsband mit »Fischen«

Auch stilisierte Figuren können mit Knüpfmustern gearbeitet werden. Ob sich hier nun Fische im Wasser tummeln oder andere Wesen, bleibt der Phantasie der Bewunderer überlassen.

Steckbrief

Bandlänge: 19 cm
Anfang und Ende: je 1 Zopf von etwa 15 cm Länge
Geknüpft wird das »Fisch«-Muster vor allem einseitig, aber auch beidseitig.

Die Fäden

20 Fäden (von außen nach innen):

li und re F1 rot	(89) / je 130 cm
li und re F2 grün	(879) / je 130 cm
li und re F3 grün	(879) / je 150 cm
li und re F4 grün	(879) / je 200 cm
li und re F5 mittelgrün	(878) / je 160 cm
li und re F6 rot	(89) / je 170 cm
li und re F7 rosa	(85) / je 180 cm
li und re F8 rosa	(85) / je 170 cm
li und re F9 hellgrün	(845) / je 130 cm
li und re F10 mittelgrün	(878) / je 120 cm

Mein Tip:

Hilfreich ist es, gleichfarbige Fäden zu markieren (siehe S. 8).

Hinweis:
Wer mit diesem Muster ein Armband knüpfen möchte, kürzt Fäden und Zopfenden entsprechend um etwa ein Drittel und beendet die Knüpfarbeit bereits nach 4 Fischen.
Das Grundmuster ist dasselbe wie beim Band »Indio« (siehe S. 35-37); die gerahmten Hauptlinien reichen aber 1 Knoten weiter nach außen, wodurch auch das kleine Mittelkaro 1 Knoten größer wird. Auch werden die Hauptlinien regelmäßig unterbrochen, wodurch die einander gegenüberliegenden »Fische« entstehen.

So wird's gemacht

A Zopf flechten und die Fäden in der angegebenen Folge sortieren und nach dem Knüpfschema zunächst den Anfang arbeiten.

Anfang – beidseitig von außen nach innen:
li und re F1 rot: je 1.-9.K rot + 1 MK rot
li und re F2 grün: je 1.-9.K grün + 1 MK grün
li und re F3 grün: je 1.-9.K grün + 1 MK grün

B Weiter wird zunächst beidseitig mit Hauptteil 1 geknüpft:

Hauptteil 1/Anfang

Zwischenteil A/Anfang – beidseitig von außen nach innen:
1 li und re F4 grün: je 1.+2.K grün + je 1 WK grün
2 li und re F5 mittelgrün: je 1 WK mittelgrün

Zwischenteil A/Ende – zurück beidseitig von innen nach außen:
3 li und re F4 grün: je 1.+2.K grün

Zwischenteil

C Durch die zwei kleinen Seitendreiecke ist auf der linken und rechten Seite jeweils eine nach oben zeigende Spitze entstanden. In diese wird jetzt mit den gleichfarbigen F7 und F8 jeweils ein Mittelknoten geknüpft. Danach zeigt F7 jeweils nach innen, F8 nach außen:

4 li und re F7 und F8 rosa: je 1 MK rosa (links und rechts)

Weiter beidseitig von innen nach außen ab Wendeknoten:
5 li und re F8 rosa: je 1.K rosa + je 1 WK rosa

D Nun wird vorerst nur einseitig auf der linken Seite weitergeknüpft:
Einseitig von links nach rechts:
6 li F7 rosa ab MK: 1.-5.K rosa (nach rechts ablegen)
7 li F6 rot: 1.-5.K rot (nach rechts ablegen)
8 li F8 rosa ab WK: 1.-5.K rosa (nach rechts ablegen)

Zwischenteil B/Anfang – weiter einseitig von außen nach innen:
9 li F4 grün: 1.-5.K grün + 1 WK grün
10 li F5 mittelgrün: 1.-3.K mittelgrün + 1 WK mittelgrün
11 li F9 hellgrün: 1.K hellgrün + 1 WK hellgrün

Zwischenteil B/Ende – zurück einseitig von innen nach außen ab Wendeknoten:
12 li F9 hellgrün: 1 K hellgrün
13 li F5 mittelgrün: 1.-3.K mittelgrün
14 li F4 grün: 1.-5.K grün

E Weiter geht es auf der rechten Seite - und zwar mit F7, F6 und F8, die von rechts nach links über die Mitte bis in die linke Seite hinein zu knüpfen sind.

Einseitig von rechts nach links:
15 re F7 rosa ab MK: 1.-13.K rosa + 1 WK rosa
16 re F6 rot: 1.-12.K rot + 1 WK rot
17 re F8 rosa ab WK: 1.-11.K rosa + 1 WK rosa

F Es schließt sich auf der rechten Seite geknüpft der Zwischenteil B (Arbeitsgänge **9** bis **14**) an, der diesmal mit den rechten Arbeitsfäden angelegt werden muß.

G Im folgenden wird weiter von der Mitte aus mit F7, F6 und F8 in die rechte Seite hineingeknüpft:

Einseitig von links nach rechts:

18	li F7 rosa:	1.-5.K rosa + 1 WK rosa
19	li F6 rot:	1.-4.K rot + 1 WK rot
20	li F8 rosa:	1.-3.K rosa + 1 WK rosa

H Dann werden das mittlere grüne Karo und anschließend das Vorderteil des Fischs wieder beidseitig geknüpft:

Beidseitig von innen nach außen:

21	li und re F3 grün aus der Mitte:	1 MK grün, je 1.K grün + je 1 WK grün
22	li und re F2 grün aus der Mitte:	1 MK grün

Zurück beidseitig von außen nach innen ab Wendeknoten:

23	li und re F3 grün:	je 1.K grün + 1 MK grün
24	li und re F8 rosa:	je 1.-3.K rosa + 1 MK rosa
25	li und re F6 rot:	je 1.-5.K rot + 1 MK rot
26	li und re F7 rosa:	je 1.-7.K rosa + 1 MK rosa

I Bevor man nun mit dem Vorderteil des zweiten Fischs beginnen kann, müssen die beiden großen Seitendreiecke geknüpft werden:

Beidseitig von außen nach innen:

li und re F4 grün:	je 1.-9.K grün + 1 MK grün
li und re F5 mittelgrün:	je 1.-7.K mittelgrün + je 1 WK mittelgrün
li und re F9 hellgrün:	je 1.-5.K hellgrün + je 1 WK hellgrün
li und re F10 mittelgrün:	je 1.-3.K mittelgrün + je 1 WK mittelgrün
li und re F1 rot:	je 1.K rot + je 1 WK rot

Zurück beidseitig von innen nach außen ab Wendeknoten:

li und re F1 rot:	je 1 K rot
li und re F10 mittelgrün:	je 1.-3.K mittelgrün
li und re F9 hellgrün:	je 1.-5.K hellgrün
li und re F5 mittelgrün:	je 1.-7.K mittelgrün
li und re F4 grün ab MK:	je 1.-9.K grün

J Jetzt beginnt man aus der Mitte heraus mit dem Vorderteil des zweiten Fisches:

Weiter beidseitig von innen nach außen:

li und re F7 rosa:	1 MK rosa, je 1.-7.K. rosa + je 1 WK rosa
li und re F6 rot:	1 MK rot, je 1.-5.K rot + je 1 WK rot
li und re F8 rosa:	1 MK rosa, je 1.-3.K rosa + je 1 WK rosa
li und re F3 grün:	1 MK grün, je 1.K grün + je 1 WK grün
li und re F2 grün:	1 MK grün

Zurück beidseitig von außen nach innen ab Wendeknoten:

li und re F3 grün: je 1.K grün + 1 MK grün

K Nun einseitig auf der linken Seite weiterknüpfen:

Einseitig von links nach rechts ab Wendeknoten:

li F8 rosa:	1.-3.K rosa (nach rechts ablegen)
li F6 rot:	1.-4.K rot (nach rechts ablegen)
li F7 rosa:	1.-5.K rosa (nach rechts ablegen)

L Dann auf der linken Seite Zwischenteil B (siehe S. 38) einmal wiederholen; anschließend auf der rechten Seite mit F8, F6 und F7 bis in die linke Seite hinein weiterknüpfen.

Einseitig von rechts nach links ab Wendeknoten:

re F8 rosa:	1.-11.K rosa + 1 WK rosa
re F6 rot:	1.-12.K rot (nach links ablegen)
re F7 rosa:	1.-13.K rosa (nach links ablegen)

Die Zeichnung zeigt die Arbeitsgänge 1 bis 5 (beidseitig – davon Arbeitsgänge 1 bis 3: Zwischenteil A), 6 bis 20 (einseitig – davon 9 bis 14: Zwischenteil B) und 21 bis 26 (beidseitig).

(Zur besseren Übersichtlichkeit sind F1, F2 und F10 gestrichelt dargestellt; außerdem hat F8 rosa jeweils eine andere Farbe, um ihn von F7 zu unterscheiden.)

M Jetzt auf der rechten Seite Zwischenteil B mit den rechten Arbeitsfäden anlegen und weiter von der Mitte aus mit F8, F6 und F7, die von links nach rechts zu knüpfen sind:

Einseitig von links nach rechts:

li F8 rosa:	1.-5.K rosa + 1 WK rosa
li F6 rot:	1.-5.K rot (nach rechts ablegen)
li F7 rosa:	1.-5.K rosa (nach rechts ablegen)

N Den Fischschwanz beidseitig mit F8 rosa schließen:

Beidseitig von außen nach innen:

li und re F8 rosa ab WK:	je 1.K rosa (über F6) + je 1 MK mit F7 (wie Anfang)

O Zum Abschluß des Hauptteils 1 noch einmal Zwischenteil A (siehe S. 38) knüpfen.

Hauptteil 1 – Ende

P Aus der Mitte heraus wird jetzt das große Karo geknüpft, das die Fischpaare voneinander trennt (Hauptteil 2/Anfang und Hauptteil 2/Ende):

Hauptteil 2/Anfang – beidseitig von innen nach außen:

li und re F3 grün:	1 MK grün, je 1.-8.K grün + je 1 WK grün
li und re F2 grün:	1 MK grün, je 1.-6.K grün + je 1 WK grün
li und re F1 rot:	1 MK rot, je 1.-4.K rot + je 1 WK rot
li und re F10 mittelgrün:	1 MK mittelgrün, je 1.+2.K mittelgrün + je 1 WK mittelgrün
li und re F9 hellgrün:	1 MK hellgrün + je 1 WK hellgrün

Hauptteil 2/Ende – zurück beidseitig von außen nach innen ab Wendeknoten:

li und re F9 hellgrün:	1 MK hellgrün
li und re F10 mittelgrün:	je 1.+2.K mittelgrün + 1 MK mittelgrün
li und re F1 rot:	je 1.-4.K rot + 1 MK rot
li und re F2 grün:	je 1.-6.K grün + 1 MK grün
li und re F3 grün:	je 1.-8.K grün + 1 MK grün

Q Dann jeweils noch einmal Hauptteil 1, Hauptteil 2 und wieder Hauptteil 1 knüpfen und darauf den Abschluß des Bands anfertigen:

Abschluß – beidseitig von innen nach außen:

li und re F3 grün:	1 MK grün + je 1.-9.K grün
li und re F2 grün:	1 MK grün + je 1.-8.K grün (beim 2. Knoten zwei Unterfäden auf einmal umknüpfen)
li und re F1 rot:	1 MK rot + je 1.-6.K rot (beim 1., 3. und 5. Knoten je zwei Unterfäden auf einmal umknüpfen)

»Biene Maja«-Bändchen

(Abbildung S. 42/43 rechts)

Mit diesem und dem folgenden Band (S.42/43 links) machen wir einen Ausflug in die Welt des Märchens und der Erzählungen. Die beiden Sternmotive sind zudem vielseitig einzusetzen und durchaus auch abwandelbar.

Steckbrief

Bandlänge: 15,5 cm
Anfang: umwickelte Schlaufe
Ende: 2 Zöpfe von jeweils etwa 8 cm Länge
Geknüpft wird das Karomuster beidseitig von außen nach innen bzw. innen nach außen.

Die Fäden

20 Fäden (von außen nach innen):

li und re RFO lila	(102) / je 120 cm (für die Schlaufe)
li und re F1 braun	(358) / je 100 cm
li und re F2 gelb	(313) / je 100 cm
li und re F3 rosa	(895) / je 100 cm
li und re F4 blau(-lila)	(110) / je 100 cm
li und re F5 lila	(102) / je 100 cm
li und re F6 lila	(102) / je 130 cm
li und re F7 lila	(102) / je 110 cm
li und re F8 gelb	(313) / je 80 cm
li und re F9 braun	(358) / je 100 cm

Mein Tip:

Es ist wichtig, gleichfarbige Fäden zu markieren (siehe S. 8).

Hinweis:
Das Grundmuster des Bandes bilden sich ständig wiederholende lila Karos, deren Zwischenraum seitlich jeweils von zwei großen lilafarbenen Dreiecken ausgefüllt wird. Durch die Verwendung gleichfarbiger Fäden (für Karo, Seitendreieck und am Rand) kommt das Grundmuster optisch nicht zur Geltung; dafür bestimmen Überdeckungen durch die Unterfäden (siehe »Zwischenmuster«, S.10) das Bild.
Wichtig:
Grundmuster und Lauf des jeweiligen Arbeitsfadens im Auge behalten. Randfaden nicht mit den gleichfarbigen Arbeitsfäden verwechseln.

So wird's gemacht

A Die Fäden in der angegebenen Folge sortieren und nach dem Knüpfschema zunächst den Anfang arbeiten.

Anfang – beidseitig von außen nach innen:
li und re F1 braun: je 1 RWK Ü lila, je 1.-8.K braun + 1 MK braun
li und re F2 gelb: je 1 RWK Ü lila, je 1.-8.K gelb + 1 MK gelb
li und re F3 rosa: je 1 RWK Ü lila, je 1.-8.K rosa + 1 MK rosa
li und re F4 blau: je 1 RWK Ü lila, je 1.-8.K blau + 1 MK blau
li und re F5 lila: je 1 RWK Ü lila, je 1.-8.K lila + 1 MK lila
li und re F6 lila: je 1 RWK Ü lila, je 1.-8.K lila + 1 MK lila

B Dann werden die ersten beiden Seitendreiecke geknüpft (Zwischenteil A/Anfang und Ende):

Zwischenteil A/Anfang – weiter beidseitig von außen nach innen:

1 li und re F7 lila: je 1 RWK Ü lila, je 1.+2.K lila, je 3. K Ü braun, je 4.K Ü gelb, je 5.K Ü rosa, je 6.K lila + je 1 WK lila

2 li und re F8 gelb: je 1 RWK Ü lila, je 1.K Ü braun, je 2.K Ü braun, je 3.K gelb, je 4.K Ü rosa + je 1 WK gelb

3 li und re F9 braun: je 1 RWK Ü lila, je 1.K braun, je 2.K Ü gelb + je 1 WK Ü rosa (Hier wird mit dem Unterfaden ein Wendeknoten um den Arbeitsfaden geknüpft, da an dieser Stelle der Arbeitsfaden die Richtung wechselt. Danach zeigt F9 jeweils nach außen, F3 jeweils nach innen.)

4 li und re F1 braun: je 1 RWK Ü lila, je 1 WK braun - stramm nach unten ziehen + nochmals je 1 RWK Ü lila

Zwischenteil A/Ende – zurück beidseitig von innen nach außen ab Wendeknoten:

5 li und re F9 braun: je 1.K Ü gelb, je 2.K braun + je 1 RWK Ü lila

6 li und re F8 gelb: je 1.K Ü rosa, je 2.K gelb, je 3.K Ü braun, je 4.K Ü braun + je 1 RWK Ü lila

7 li und re F7 lila: je 1.K lila, je 2.K Ü rosa, je 3.K Ü gelb, je 4.K Ü braun, je 5.+6.K lila + je 1 RWK Ü lila

C Mit dem nun folgenden Hauptteil 1 (Anfang und Ende) entsteht das erste große Karo:

Hauptteil 1/Anfang – weiter beidseitig von innen nach außen:

8 li und re F6 lila ab MK: je 1.-7.K lila + je 1 WK lila

9 li und re F5 lila: 1 MK lila, je 1.K Ü blau, je 2.K Ü rosa, je 3.+4.K lila, je 5.K Ü braun + je 1 WK lila

10 li und re F4 blau: 1 MK blau, je 1.K Ü rosa, je 2.K Ü gelb, je 3.K blau + je 1 WK Ü braun (Danach zeigt F4 jeweils nach innen, F9 jeweils nach außen.)

11 li und re F3 rosa: 1 MK rosa, je 1.K Ü gelb + je 1 WK Ü braun (Danach zeigt F3 jeweils nach innen, F1 jeweils nach außen.)

12 li und re F2 gelb: 1 MK gelb

Hauptteil 1/Ende – zurück beidseitig von außen nach innen ab Wendeknoten:

13 li und re F3 rosa: je 1.K Ü gelb + 1 MK rosa
14 li und re F4 blau: je 1.K Ü braun, je 2.+3.K blau + 1 MK blau
15 li und re F5 lila: je 1.K Ü braun, je 2.K Ü braun, je 3.+4.K lila, je 5.K Ü blau + 1 MK lila
16 li und re F6 lila: je 1.K lila, je 2.K Ü braun, je 3.-5.K lila, je 6.K Ü blau, je 7.K lila + 1 MK lila

D Der Zwischenteil B bildet nun die zweiten beiden Seitendreiecke:

Zwischenteil B/Anfang - weiter beidseitig von außen nach innen:

17 li und re F7 lila: je 1 RWK Ü lila, je 1.-6.K lila + je 1 WK lila
18 li und re F8 gelb: je 1 RWK Ü lila, je 1.K Ü braun, je 2.K Ü braun, je 3.+4.K gelb + je 1 WK gelb
19 li und re F9 braun: je 1 RWK Ü lila, je 1.K braun, je 2.K Ü gelb + je 1 WK Ü rosa (Danach zeigt F9 jeweils nach außen, F3 jeweils nach innen:)
20 li und re F1 braun: je 1 RWK Ü lila, je 1 WK Ü gelb (Danach zeigt F1 jeweils nach außen, F2 jeweils nach innen) F1 jeweils stramm nach unten ziehen + nochmals je 1 RWK Ü lila

Zwischenteil B/Ende – zurück beidseitig von innen nach außen ab Wendeknoten:

21 li und re F9 braun: je 1.K Ü gelb, je 2.K braun + je 1 RWK Ü lila
22 li und re F8 gelb: je 1.+2.K gelb, je 3.K Ü braun, je 4.K Ü braun + je 1 RWK Ü lila
23 li und re F7 lila: je 1.-6.K lila + je 1 RWK Ü lila

E Hauptteil 1 zusammen mit Zwischenteil B noch zweimal wiederholen. Dann mit dem Hauptteil 2 das vierte große Karo knüpfen. Ab hier ist die »Biene« in die entgegengesetzte Richtung gedreht, so daß also das Muster jetzt umgekehrt zu knüpfen ist:

Hauptteil 2/Anfang – weiter beidseitig von innen nach außen:

li und re F6 lila ab MK: je 1.K lila, je 2.K Ü blau, je 3.-5.K lila, je 6.K Ü braun, je 7.K lila + je 1 WK lila
li und re F5 lila: 1 MK lila, je 1.K Ü blau, je 2.+3.K lila, je 4.K Ü braun, je 5.K Ü braun + je 1 WK lila
li und re F4 blau: 1 MK blau, je 1.+2.K blau, je 3.K Ü braun + je 1 WK Ü braun (Danach zeigt F4 jeweils nach innen, F9 jeweils nach außen.)
li und re F3 rosa: 1 MK rosa, je 1.K Ü gelb + je 1 WK Ü braun (Danach zeigt F3 jeweils nach innen, F1 jeweils nach außen.)

In der Zeichnung sind die Arbeitsgänge 1 bis 7 (Zwischenteil A), 8 bis 16 (Hauptteil 1) sowie 17 bis 23 (Zwischenteil B) bezeichnet.

Zur Unterscheidung sind die gleichfarbigen F9 und F1 braun in einer anderen Farbe dargestellt, genauso wie der Randfaden F0. Die linke Seite zeigt die einzelnen Arbeitsgänge, rechts sind Fadenfolge und Richtungslauf der Arbeitsfäden mit Pfeilen eingetragen.

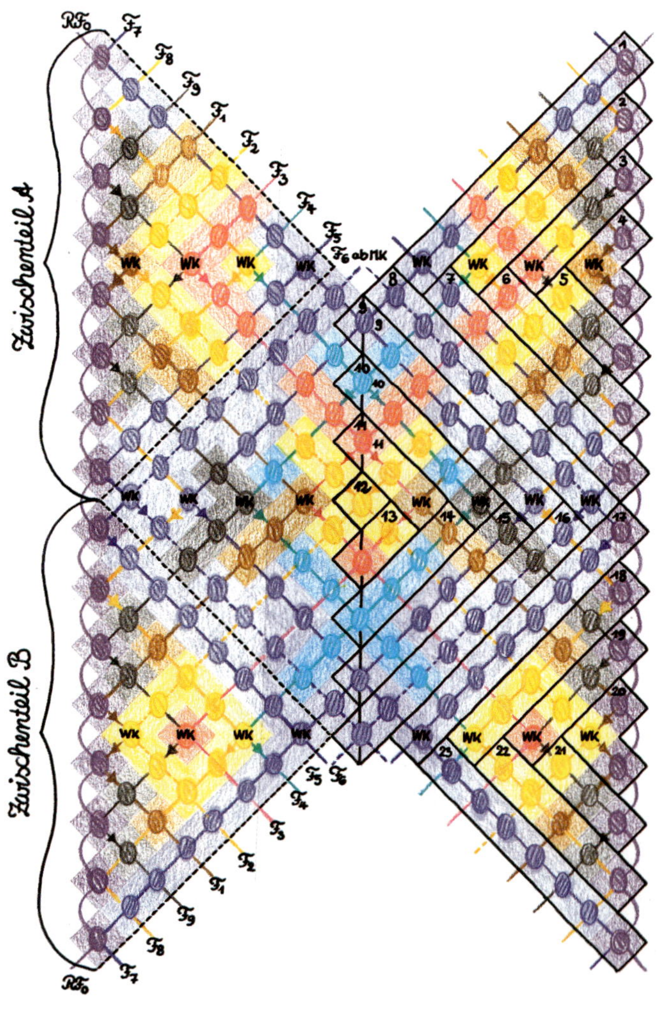

Hauptteil 2/Ende – zurück beidseitig von außen nach innen ab Wendeknoten:

li und re F3 rosa:	je 1.K Ü gelb + 1 MK rosa
li und re F4 blau:	je 1.K blau, je 2.K Ü gelb, je 3.K Ü rosa + 1 MK blau
li und re F5 lila:	je 1.K Ü braun, je 2.+3.K lila, je 4.K Ü rosa, je 5.K Ü blau + 1 MK lila
li und re F6 lila:	je 1.-7.K lila + 1 MK lila

F Noch zweimal nacheinander den Zwischenteil B (siehe S.43) zusammen mit Hauptteil 2 wiederholen; anschließend Zwischenteil A (siehe S. 42) ein weiteres Mal anfügen. Zuletzt den Abschluß für das Band knüpfen:

Abschluß – beidseitig von innen nach außen:

li und re F6 lila ab MK:	je 1.-8.K lila + je 1 RWK Ü lila
li und re F5 lila:	1 MK lila, je 1.-8.K lila + je 1 RWK Ü lila
li und re F4 blau:	1 MK blau, je 1.-7.K blau (beim 4. Knoten zwei Unterfäden auf einmal umknüpfen) + je 1 RWK Ü lila
li und re F3 rosa:	1 MK rosa, je 1.-6.K rosa (beim 3. und 5. Knoten je zwei Unterfäden auf einmal umknüpfen) + je 1 RWK Ü lila
li und re F2 gelb:	1 MK gelb, je 1.-5.K gelb (beim 2., 4. und 5. Knoten je zwei Unterfäden auf einmal umknüpfen) + je 1 RWK Ü lila
li und re F1 braun:	1 MK braun, je 1.-5.K braun (beim 1., 3. und 4. Knoten je zwei Unterfäden auf einmal umknüpfen) + je 1 RWK Ü lila

Armband »Sterntaler« (Abb. S.42/43 links)

Steckbrief

Bandlänge: 12 cm
Anfang: 2 umwickelte Schlaufen
Ende: zweimal 2 Zöpfchen von jeweils etwa 10 cm Länge
Geknüpft werden Karos mit Zwischenmuster (siehe S.10) in Doppelreihe: beidseitig von außen nach innen bzw. von innen nach außen.

Die Fäden

Zweimal 14 Fäden (von außen nach innen):

li und re F1 gold	(303) / je	90 cm (für die Schlaufe)
li und re F2 gelb	(291) / je	90 cm
li und re F3 blau	(170) / je	90 cm
li und re F4 blau	(170) / je	120 cm
li und re F5 hellblau	(169) / je	90 cm
li und re F6 hellblau	(169) / je	80 cm
li und re F7 gold	(303) / je	90 cm

Mein Tip:

Hilfreich ist es, gleichfarbige Fäden zur Unterscheidung zu markieren (siehe S. 8).

Hinweis:
Dieses Band hat zwei gleiche, separate Anfänge, die in der dritten Reihe durch einen Mittelknoten miteinander verbunden werden. Daraus ergibt sich ein Mittelkaro (hellblau), daneben je 1 linkes und rechtes Seitendreieck (hellblau) sowie unterhalb je 1 linkes und rechtes Karo (blau).

F1 bis F7 sind nicht zweifach, sondern vierfach vorhanden: Zwei Fäden werden im Mittelkaro und jeweils einer im linken und rechten Seitendreieck bzw. linken und rechten Karo benötigt (siehe auch Zeichnung unten).

So wird's gemacht

A Die Fäden in der angegebenen Folge sortieren und nach dem Knüpfschema zunächst den Anfang arbeiten.

Anfang – zweimal separat beidseitig von außen nach innen:
li und re F1 gold: je 1.-6.K gold + 1 MK gold
li und re F2 gelb: je 1.-6.K gelb + 1 MK gelb

B Jetzt die beiden Anfänge auf gleicher Höhe dicht nebeneinander feststecken und folgendermaßen durch einen Mittelknoten miteinander verbinden:
1 li und re mittlere F3 blau: 1 MK blau + beidseitig von innen nach außen je 1.-6.K blau
2 li und re äußere F3 blau: beidseitig von außen nach innen je 1.-6.K blau + je 1 MK blau auf linker und rechter Seite (mit F3 aus der Mitte)
3 li und re mittlere F4 blau: 1 MK blau + beidseitig von innen nach außen je 1.-6.K blau
4 li und re äußere F4 blau: beidseitig von außen nach innen je 1.-6.K blau + je 1 MK blau auf linker und rechte Seite (mit F4 aus der Mitte)

C Mit dem Hauptteil 1/Anfang wird beidseitig aus der Mitte heraus das erste hellblaue Mittelkaro geknüpft.
Auf die Übedeckungen durch die Unterfäden (siehe »Zwischenmuster«, S. 10) achten!

Hauptteil 1/Anfang – beidseitig von innen nach außen:
5 li und re F5 hellblau: 1 MK hellblau, je 1.K hellblau, je 2.K Ü gold, je 3.K hellblau, je 4.K Ü gelb + je 1 WK hellblau
6 li und re F6 hellblau: 1 MK hellblau, je 1.K Ü gold, je 2.K hellblau + je 1 WK Ü gelb (Hier wird mit dem Unterfaden ein Wendeknoten um den Arbeitsfaden geknüpft, da an dieser Stelle der Arbeitsfaden die Richtung wechselt. Danach zeigt F6 jeweils nach innen, F2 jeweils nach außen.)
7 li und re F7 gold: 1 MK gold + je 1 WK gold

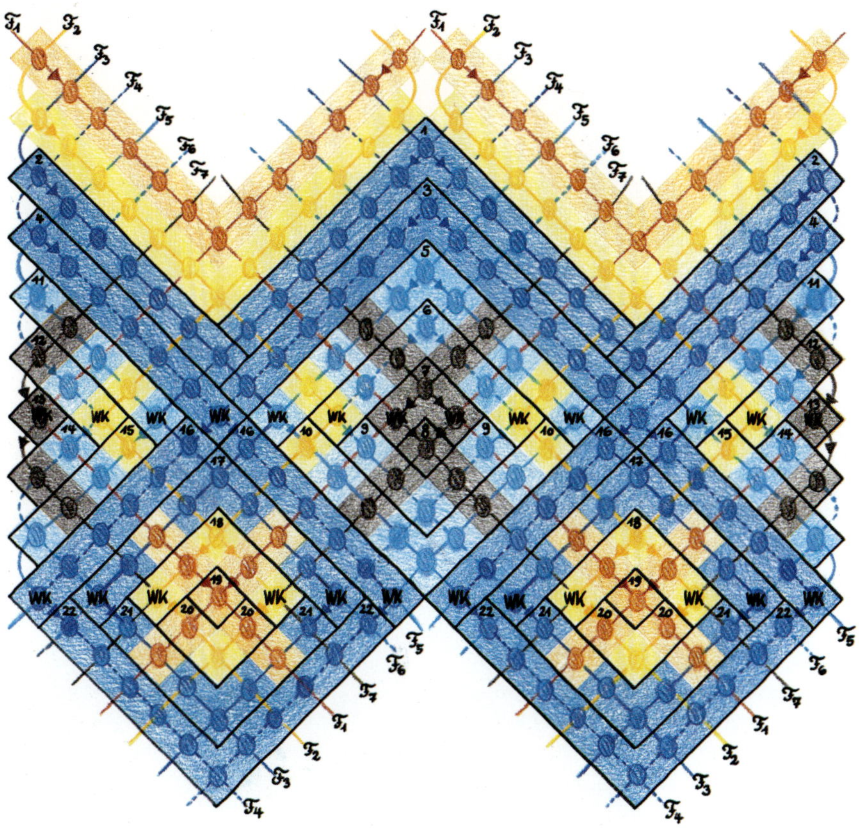

Hauptteil 1/Anfang – zurück beidseitig von außen nach innen ab Wendeknoten:
8 li und re F7 gold: 1 MK gold
9 li und re F6 hellblau:
je 1.K hellblau, je 2.K Ü gold + 1 MK hellblau
10 li und re F5 hellblau:
je 1.K Ü gelb, je 2.K hellblau, je 3.K Ü gold, je 4.K hellblau + 1 MK hellblau

D Das Ende von Hauptteil 1 bildet die äußeren Seitendreiecke:

Wiedergegeben sind die Arbeitsgänge 1 bis 4 (Anfang), 5 bis 15 (Hauptteil 1) und 16 bis 22 (Hauptteil 2).

(Zur besseren Überschaubarkeit des Musters sind die gleichfarbigen Fäden F1 und F7 in verschiedenen Farben, F4 und F6 zur Unterscheidung mit gestrichelten Linien dargestellt.)

Hauptteil 1/Ende – weiter beidseitig von außen nach innen:

11 li und re F5 hellblau:	je 1.K hellblau, je 2.K Ü gold, je 3.K hellblau, je 4.K Ü gelb + je 1 WK hellblau
12 li und re F6 hellblau:	je 1.K Ü gold, je 2.K hellblau + je 1 WK Ü gelb (Danach zeigt F6 jeweils nach außen, F2 jeweils nach innen.)
13 li und re F7 gold:	je 1 WK gold

Hauptteil 1/Ende – zurück beidseitig von innen nach außen ab Wendeknoten:

14 li und re F6 hellblau:	je 1.K hellblau + je 2.K Ü gold (F6 zeigt danach nach außen)
15 li und re F5 hellblau:	je 1.K Ü gelb, je 2.K hellblau, je 3.K Ü gold + je 4.K hellblau

E Jetzt werden im Hauptteil 2 die beiden blauen Karos mit den Sternchen auf der rechten und linken Seite geknüpft:

Hauptteil 2/Anfang – zweimal beidseitig von innen nach außen:

16 li und re F4 blau ab MK:	je 1.-5.K blau + je 1 WK blau
17 li und re F3 blau:	1 MK blau, je 1.K blau, je 2.K Ü gold, je 3.K blau + je 1 WK blau
18 li und re F2 gelb:	1 MK gelb, je 1.K Ü gold + je 1 WK gelb
19 li und re F1 gold:	1 MK gold

Hauptteil 2/Ende – zurück beidseitig von außen nach innen ab Wendeknoten:

20 li und re F2 gelb:	je 1.K Ü gold + 1 MK gelb
21 li und re F3 blau:	je 1.K blau, je 2.K Ü gold, je 3.K blau + 1 MK blau
22 li und re F4 blau:	je 1.-5.K blau + 1 MK blau

F Hauptteil 1 und 2 nacheinander sechsmal wiederholen. Danach noch einmal Hauptteil 1 knüpfen, bevor der Abschluß des Bändchens angelegt wird:

Abschluß – zweimal beidseitig von innen nach außen:

li und re F4 blau je ab MK:	je 1.-6.K blau sowie 1 MK blau mit li und re mittleren Arbeitsfäden F4
li und re F3 blau:	1 MK blau, je 1.-6.K blau sowie 1 MK blau mit li und re mittleren Arbeitsfäden F3
li und re F2 gelb:	1 MK gelb + je 1.-5.K gelb (beim 5. Knoten je 2 Unterfäden auf einmal umknüpfen)
li und re F1 gold:	1 MK gold + je 1.-4.K gold (beim 2. und 4. Knoten je 2 Unterfäden auf einmal umknüpfen)

Armband »Orient«

Ein Ausflug in die Farbenwelt des Orients, aber auch in die Ornamentik dieser Länder. Warme Töne und ein Muster, das der Vielfalt an Formen gerecht wird.

Steckbrief

Bandlänge: 14,5 cm
Anfang: umwickelte Schlaufe
Ende: 2 Zöpfe von jeweils etwa 12 cm Länge
Geknüpft werden die ineinandergreifenden Karos beidseitig von außen nach innen bzw. von innen nach außen.

Die Fäden

18 Fäden (von außen nach innen):

li und re RF0 rot	(72) /	je 120 cm (für die Schlaufe)
li und re F1 lila	(873) /	je 80 cm
li und re F2 braun	(375) /	je 100 cm
li und re F3 gelb	(305) /	je 100 cm
li und re F4 rot	(72) /	je 100 cm
li und re F5 rost	(341) /	je 110 cm
li und re F6 orange	(331) /	je 100 cm
li und re F7 weiß	(301) /	je 90 cm
li und re F8 grün	(877) /	je 80 cm

Mein Tip:

Um die gleichfarbigen Fäden RF0 rot und F4 rot besser unterscheiden zu können, ist es hilfreich, sie durch Fädchen zu kennzeichnen (siehe S. 8).

So wird's gemacht

A Die Fäden nach der angegebenen Folge sortieren und nach unten stehendem Knüpfschema den Anfang anlegen.
Beim Zurückgehen zur Mitte wird das Karomuster dieses Bändchens im letzten Teilstück immer wieder vom darauffolgenden Karo überdeckt.

Anfang – beidseitig von außen nach innen:

li und re F1 lila:	je 1 RWK Ü rot, je 1.-7.K lila und 1 MK lila
li und re F2 braun:	je 1 RWK Ü rot, je 1.-7.K braun + 1 MK braun
li und re F3 gelb:	je 1 RWK Ü rot, je 1.-7.K gelb + 1 MK gelb
li und re F4 rot:	je 1 RWK Ü rot, je 1.-7.K rot + 1 MK rot
li und re F5 rost:	je 1 RWK Ü rot, je 1.-7.K rost + 1 MK rost

B Nun folgen 5 Zwischenteile (A bis E), bevor das Mittelstück geknüpft wird.

Zwischenteil A/Anfang – beidseitig von außen nach innen:

li und re F6 orange:	je 1 RWK Ü rot, je 1.-5.K orange + je 1 WK orange
li und re F7 weiß:	je 1 RWK Ü rot, je 1.-3.K weiß + je 1 WK weiß
li und re F8 grün:	je 1 RWK Ü rot, je 1.K grün + je 1 WK grün
li und re RF0 rot:	je 1 RWK rot (um den jeweils äußeren Unterfaden F1)

Zwischenteil A/Ende – beidseitig von innen nach außen ab Wendeknoten:

li und re F8 grün:	je 1.K grün + je 1 RWK Ü rot
li und re F7 weiß:	je 1.-3.K weiß + je 1 RWK Ü rot
li und re F6 orange:	je 1.-5.K orange + je 1 RWK Ü rot

C Im Zwischenteil B wird aus der Mitte heraus das erste halbe Karo geknüpft. Auf dem Rückweg hin zur Mitte setzt man die zweite Karohälfte bis zu den Stellen fort, an denen sie vom zweiten, überdeckenden Karo unterbrochen werden. Die Laufrichtung der Arbeitsfäden ändert sich dabei nicht; sie werden nur nach innen abgelegt.

Zwischenteil B/Anfang – beidseitig von innen nach außen:

li und re F5 rost ab MK:	je 1.-6.K rost + je 1 WK rost
li und re F4 rot:	1 MK rot, je 1.-4.K rot + je 1 WK rot
li und re F3 gelb:	1 MK gelb, je 1.+2.K gelb + je 1 WK gelb
li und re F2 braun:	1 MK braun + je 1 WK braun

Zwischenteil B/Ende – beidseitig von außen nach innen ab Wendeknoten:

li und re F2 braun:	1 MK braun
li und re F3 gelb:	je 1.K gelb (nach innen ablegen)
li und re F4 rot:	je 1.+2.K rot (nach innen ablegen)
li und re F5 rost:	je 1.-3.K rost (nach innen ablegen)

D Im Zwischenteil C müssen die kleinen orange-weißen Seitendreiecke geknüpft werden, bevor man im Teil D wieder das nächste überdeckende Karo zunächst von innen heraus anlegen kann.

Zwischenteil C/Anfang – beidseitig von außen nach innen:

1 li und re F6 orange:	je 1 RWK Ü rot, je 1.+2.K orange + je 1 WK orange
2 li und re F7 weiß:	je 1 RWK Ü rot + je 1 WK weiß - Faden stramm nach unten ziehen + nochmals je 1 RWK Ü rot

Zwischenteil C/Ende – beidseitig von innen nach außen ab Wendeknoten:

3 li und re F6 orange:	je 1.+2.K orange + je 1 RWK Ü rot

Zwischenteil D/Anfang – beidseitig von innen nach außen:

li und re F2 braun ab MK:	je 1.-6.K braun + je 1 WK braun
li und re F3 gelb:	1 MK gelb, je 1.-4.K gelb + je 1 WK gelb
li und re F4 rot:	1 MK rot, je 1.+2.K rot + je 1 WK rot
li und re F5 rost:	1 MK rost + je 1 WK rost

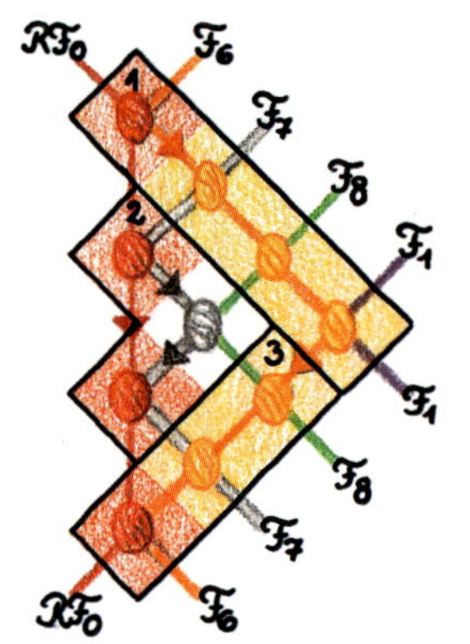

Die Zeichnung zeigt das Seitendreieck einer linken Seite. Rechts sieht das Muster genauso aus, ist jedoch spiegelbildlich.

Zwischenteil D/Ende – beidseitig von außen nach innen ab Wendeknoten:

li und re F5 rost:	1 MK rost
li und re F4 rot:	je 1.K rot (nach innen ablegen)
li und re F3 gelb:	je 1.+2.K gelb (nach innen ablegen)
li und re F2 braun:	je 1.-3.K braun (nach innen ablegen)

E Anschließend ist Teil C einmal zu wiederholen, bevor das dritte Karo begonnen wird, das bis zur Hälfte wie das erste aussieht. Deswegen wird hierfür der Zwischenteil B/Anfang noch einmal geknüpft.

F Die zweite Hälfte von außen nach innen (Zwischenteil E) stellt ein Karo dar, das nicht überdeckt wird. Daher wird bis ganz zur Mitte zurückgeknüpft.

Zwischenteil E – beidseitig von außen nach innen ab Wendeknoten:

li und re F2 braun:	1 MK braun
li und re F3 gelb:	je 1.+2.K gelb + 1 MK gelb
li und re F4 rot:	je 1.-4.K rot + 1 MK rot
li und re F5 rost:	je 1.-6.K rost + 1 MK rost

G Nachdem nun nochmals der gesamte Zwischenteil A (siehe linke Spalte) geknüpft ist, kann mit dem Mittelteil begonnen werden, der aus zwei gelben und einem weißen Karo besteht. Dazwischen liegen die kleinen roten Seitendreiecke, die mit dem Zwischenteil F in der Anleitung beschrieben sind.

Mittelteil/Anfang – beidseitig von innen nach außen:

li und re F5 rost ab MK:	je 1.-7.K rost + je 1 RWK Ü rot
li und re F4 rot:	1 MK rot, je 1.-7.K rot + je 1 RWK Ü rot

Mittelteil/gelbes Karo – beidseitig von innen nach außen:

li und re F3 gelb:	1 MK gelb + je 1.-7.K gelb (nach außen ablegen)
li und re F2 braun:	1 MK braun, je 1.-5.K braun + je 1 WK braun
li und re F1 lila:	1 MK lila, je 1.-3.K lila + je 1 WK lila
li und re F8 grün:	1 MK grün, je 1.K grün + je 1 WK grün

Mittelteil/gelbes Karo – zurück beidseitig von außen nach innen ab Wendeknoten:
li und re F1 lila: je 1.K lila (nach innen ablegen)
li und re F2 braun: je 1.+2.K braun (nach innen ablegen)
li und re F3 gelb von außen: je 1.-3.K gelb (nach innen ablegen)

Zwischenteil F/Anfang – beidseitig von außen nach innen:
li und re F4 rot: je 1 RWK Ü rot, je 1.K rot + je 1 WK rot
li und re RF0 rot: je 1 RWK rot (um den jeweils äußeren Unterfaden F5)

Zwischenteil F/Ende – zurück beidseitig von innen nach außen ab Wendeknoten:
li und re F4 rot: je 1.K rot + je 1 RWK Ü rot

H Hat man die nun folgende erste Hälfte des weißen Mittelkaros geknüpft, ist genau die Mitte des Bandes erreicht. Von dort aus wird alles in umgekehrter Reihenfolge bis zum Ende zurückgeknüpft.

Mittelteil/weißes Karo – beidseitig von innen nach außen:
li und re F7 weiß: 1 MK weiß + je 1.-7.K weiß (nach außen ablegen)
li und re F8 grün: 1 MK grün, je 1.-5.K grün + je 1 WK grün
li und re F1 lila: 1 MK lila, je 1.-3.K lila + je 1 WK lila
li und re F2 braun: 1 MK braun, je 1.K braun + je 1 WK braun
li und re F3 gelb: 1 MK gelb

Mittelteil/weißes Karo – zurück beidseitig von außen nach innen ab Wendeknoten:
li und re F2 braun: je 1.K braun + 1 MK braun
li und re F1 lila: je 1.-3.K lila + 1 MK lila
li und re F8 grün: je 1.-5.K grün + 1 MK grün
li und re F7 weiß von außen: je 1.-7.K weiß + 1 MK weiß

I Anschließend erneut den Zwischenteil F für die roten Seitendreiecke wiederholen und das zweite, teilweise überdeckte gelbe Karo knüpfen.

Mittelteil/gelbes Karo – beidseitig von innen nach außen:
li und re F3 gelb: je 1.-3.K gelb (nach außen ablegen)
li und re F2 braun: je 1.+2.K braun + je 1 WK braun
li und re F1 lila: je 1.K lila + je 1 WK lila
li und re F8 grün: je 1 WK grün

Mittelteil/gelbes Karo – zurück beidseitig von außen nach innen ab Wendeknoten:
li und re F8 grün: je 1.K grün + 1 MK grün
li und re F1 lila: je 1.-3.K lila + 1 MK lila
li und re F2 braun: je 1.-5.K braun + 1 MK braun
li und re F3 gelb von außen: je 1.-7.K gelb + 1 MK gelb

Mittelteil/Ende - beidseitig von außen nach innen:
li und re F4 rot: je 1 RWK Ü rot, je 1.-7.K rot + 1 MK rot
li und re F5 rost: je 1 RWK Ü rot, je 1.-7.K rost + 1 MK rost

J Nun werden der Reihenfolge nach Zwischenteil A, B/Anfang, E (ergibt nicht das überdeckte Karo nach dem Mittelteil) und C jeweils einmal wiederholt (siehe S. 48). Weiter geht es mit dem vorletzten Karo:

Beidseitig von innen nach außen:
li und re F2 braun: je 1.-3.K braun + je 1 WK braun
li und re F3 gelb: je 1.+ 2.K gelb + je 1 WK gelb
li und re F4 rot: je 1.K rot + je 1 WK rot
li und re F5 rost ab MK: je 1 WK rost

Zurück beidseitig von außen nach innen ab Wendeknoten:
li und re F5 rost: 1 MK rost
li und re F4 rot: je 1.+2.K rot + 1 MK rot
li und re F3 gelb: je 1.-4.K gelb + 1 MK gelb
li und re F2 braun: je 1.-6.K braun + 1 MK braun

K Dann ist der Zwischenteil C noch einmal zu knüpfen, und das letzte Karo kann beginnen!

Beidseitig von innen nach außen:
li und re F5 rost: je 1.-3.K rost + je 1 WK rost
li und re F4 rot: je 1.+2.K rot + je 1 WK rot
li und re F3 gelb: je 1.K gelb + je 1 WK gelb
li und re F2 braun ab MK: je 1 WK braun

L Zurück wie Zwischenteil E, dann A einmal wiederholen. Der Abschluß des Bändchens wird nach folgendem Muster geknüpft:

Abschluß – beidseitig von innen nach außen:
li und re F5 rost ab MK: je 1.-7.K rost + je 1 RWK Ü rot
li und re F4 rot: 1 MK rot, je 1.-7.K rot + je 1 RWK Ü rot
li und re F3 gelb: 1 MK gelb, je 1.-7.K gelb + je 1 RWK Ü rot
li und re F2 braun: 1 MK braun, je 1.-6.K braun (beim 3. Knoten je 2 Unterfäden auf einmal umknüpfen) + je 1 RWK Ü rot
li und re F1 lila: 1 MK lila, je 1.-5.K lila (beim 2. und 4. Knoten je 2 Unterfäden auf einmal umknüpfen) + je 1 RWK Ü rot

Band »Night-Queen«

Das »Königin-der-Nacht«-Schwarz: Ein wenig geheimnisvoll und besonders reizvoll wirkt dieses Muster.

Steckbrief

Bandlänge: 15,5 cm
Anfang: umwickelte Schlaufe
Ende: 2 Zöpfe von jeweils etwa 7 cm Länge
Geknüpft werden die ineinandergreifenden Karos mit Zwischenmuster beidseitig von außen nach innen bzw. von innen nach außen.

Die Fäden

20 Fäden (von außen nach innen):

li und re RFO schwarz	(403) / je 130 cm (für die Schlaufe)
li und re F1 gold	(375) / je 120 cm
li und re F2 grün	(861) / je 120 cm
li und re F3 rot	(22) / je 120 cm
li und re F4 blau	(150) / je 120 cm
li und re F5 weiß	(387) / je 120 cm
li und re F6 schwarz	(403) / je 120 cm
li und re F7 braun	(905) / je 100 cm
li und re F8 gold	(375) / je 80 cm
li und re F9 beige	(376) / je 80 cm

Mein Tip:

Um die gleichfarbigen Fäden RFO und F6 schwarz sowie F1 und F8 gold besser unterscheiden zu können, ist es wichtig, sie durch Fädchen zu kennzeichnen (siehe S. 8).

So wird's gemacht

A Die Fäden nach der angegebenen Folge sortieren und entsprechend dem folgenden Knüpfschema den Anfang anlegen. Wie beim Band »Orient« (siehe S.47-49) werden teilweise überdeckte Karos geknüpft, die durch die Unterfäden an bestimmten Stellen nochmals unterbrochen werden. Das Mittelstück ist ein vergrößertes Karo mit Zwischenmuster (siehe Zeichnung S. 53).

Anfang – beidseitig von außen nach innen:

li und re F1 gold:	je 1 RWK Ü K schwarz, je 1.-8.K gold + 1 MK gold
li und re F2 grün:	je 1 RWK Ü schwarz, je 1.-8.K grün + 1 MK grün
li und re F3 rot:	je 1 RWK Ü schwarz, je 1.-8.K rot + 1 MK rot
li und re F4 blau:	je 1 RWK Ü schwarz, je 1.-8.K blau + 1 MK blau
li und re F5 weiß:	je 1 RWK Ü schwarz, je 1.-8.K weiß + 1 MK weiß

B Nun folgen mehrere Zwischenteile, bevor das Mittelstück geknüpft wird.

Zwischenteil A/Anfang – beidseitig von außen nach innen:

li und re F6 schwarz:	je 1 RWK Ü schwarz, je 1.-6.K schwarz + je 1 WK schwarz
li und re F7 braun:	je 1 RWK Ü schwarz, je 1.-4.K braun + je 1 WK braun
li und re F8 gold:	je 1 RWK Ü schwarz, je 1.+2.K gold + je 1 WK gold
li und re F9 beige:	je 1 RWK Ü schwarz, je 1 WK beige (Faden stramm nach unten ziehen) + nochmals je 1 RWK Ü schwarz

Zwischenteil A/Ende – beidseitig von innen nach außen ab Wendeknoten:

li und re F8 gold:	je 1.+2.K gold + je 1 RWK Ü schwarz
li und re F7 braun:	je 1.-4.K braun + je 1 RWK Ü schwarz
li und re F6 schwarz:	je 1.-6.K schwarz + je 1 RWK Ü schwarz

C Im Zwischenteil B wird aus der Mitte heraus das erste halbe Karo geknüpft. Besonders auf die Überdeckungen durch die Unterfäden achten (siehe auch »Zwischenmuster«, S. 10). Auf dem Rückweg hin zur Mitte setzt man die zweite Karohälfte bis zu den Stellen fort, an denen sie vom zweiten, überdeckenden Karo unterbrochen werden. Die Laufrichtung der Arbeitsfäden ändert sich dabei nicht; sie werden nur nach innen abgelegt und dienen dann im überdeckenden Karo wieder als Arbeitsfäden – allerdings in umgekehrter Reihenfolge (siehe auch Zeichnung S.52).

Zwischenteil B/Anfang – beidseitig von innen nach außen:

li und re F5 weiß ab MK:	je 1.K weiß, je 2.K Ü rot, je 3.-7.K weiß + je 1 WK weiß
li und re F4 blau:	1 MK blau, je 1.K Ü rot, je 2.K Ü grün, je 3.-5.K blau und je 1 WK blau
li und re F3 rot:	1 MK rot, je 1.K Ü grün, je 2.+3.K rot + je 1 WK rot
li und re F2 grün:	1 MK grün, je 1.K grün + je 1 WK grün
li und re F1 gold:	1 MK gold

Zwischenteil B/Ende – beidseitig von außen nach innen ab Wendeknoten:

1 li und re F3 rot:	je 1K rot (nach innen ablegen)
2 li und re F4 blau:	je 1.+2.K blau (nach innen ablegen)
3 li und re F5 weiß:	je 1.-3.K weiß (nach innen ablegen)

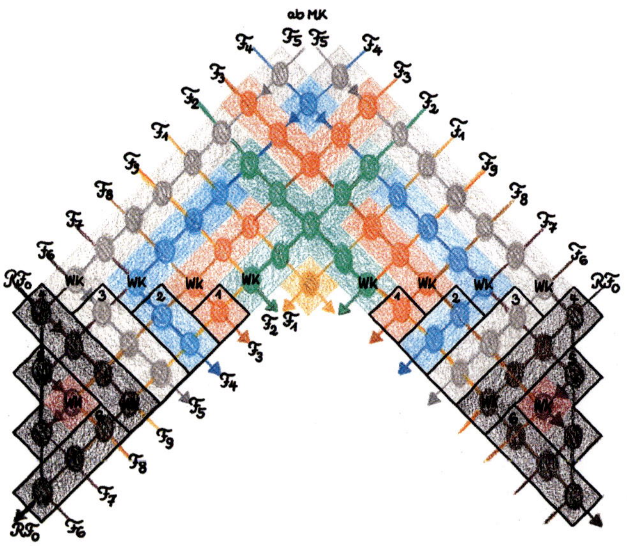

Die Zeichnung zeigt mit den Arbeitsgängen 1 bis 3 die zweite Hälfte des Karos im Knüpfmuster des Zwischenteils B. Die nachfolgenden Nummern 4 bis 6 beschreiben den Zwischenteil C, in dem die schwarzen Seitendreiecke geknüpft werden.
Linien mit Richtungspfeilen stehen für die Arbeitsfäden, die übrigen für die Unterfäden.

D Im Zwischenteil C müssen die kleinen schwarzen Seitendreiecke geknüpft werden, bevor man im Teil D wieder das nächste überdeckende Karo (entsprechend dem ersten, nur mit umgekehrter Fadenfolge) zunächst von innen heraus anlegen kann.

Zwischenteil C/Anfang – beidseitig von außen nach innen:

4 li und re F6 schwarz:	je 1 RWK Ü schwarz, je 1.+2.K schwarz + je 1 WK schwarz
5 li und re F7 braun:	je 1 RWK Ü schwarz, je 1 WK braun (stramm nach unten ziehen) + nochmals je 1 RWK Ü schwarz

Zwischenteil C/Ende – beidseitig von innen nach außen ab Wendeknoten:

6 li und re F6 schwarz:	je 1.+2.K schwarz + je 1 RWK Ü schwarz

Zwischenteil D/Anfang – beidseitig von innen nach außen:

li und re F1 gold ab MK:	je 1.K gold, je 2.K Ü rot, je 3.-7.K gold + je 1 WK gold
li und re F2 grün:	1 MK grün, je 1.K Ü rot, je 2.K Ü blau, je 3.-5.K grün + je 1 WK grün
li und re F3 rot:	1 MK rot, je 1.K Ü blau, je 2.+3.K rot + je 1 WK rot
li und re F4 blau:	1 MK blau, je 1.K blau + je 1 WK blau
li und re F5 weiß:	1 MK weiß

Zwischenteil D/Ende 1 – zurück beidseitig von außen nach innen ab Wendeknoten:

li und re F3 rot:	je 1.K rot (nach innen ablegen)
li und re F2 grün:	je 1.+2.K grün (nach innen ablegen)
li und re F1 gold:	je 1.-3.K gold (nach innen ablegen)

E Anschließend werden der Reihe nach Zwischenteil C, B, C und D/Anfang (obere Hälfte des Karos) wiederholt.

F Die zweite Hälfte von außen nach innen (Zwischenteil D/Ende 2) ist nicht überdeckt. Daher wird bis ganz zur Mitte zurückgeknüpft.

Zwischenteil D/Ende 2 – beidseitig von außen nach innen ab Wendeknoten:

li und re F4 blau:	je 1.K blau + 1 MK blau
li und re F3 rot:	je 1.+2.K rot, je 3.K Ü blau + 1 MK rot
li und re F2 grün:	je 1.-3.K grün, je 4.K Ü blau, je 5.K Ü rot + 1 MK grün
li und re F1 gold:	je 1.-5.K gold, je 6.K Ü rot, je 7.K gold + 1 MK gold

G Nachdem nun nochmals der gesamte Zwischenteil A geknüpft ist, kann mit den einzelnen Arbeitsgängen für den Mittelteil (1 bis 23) begonnen werden (siehe auch Zeichnung S. 53).

Mittelteil/Anfang – beidseitig von innen nach außen:

1 li und re F1 gold ab MK:	je 1.K gold, je 2.K Ü rot, je 3.-8.K gold + je 1 RWK Ü schwarz
2 li und re F2 grün:	1 MK grün, je 1.K Ü rot, je 2.-8.K grün + je 1 RWK Ü schwarz
3 li und re F3 rot:	1 MK rot, je 1.K rot, je 2.K Ü weiß, je 3.+4.K rot, je 5.K Ü braun, je 6.+7.K rot + je 1 WK rot
4 li und re F4 blau:	1 MK blau, je 1.K Ü weiß, je 2.+3.K blau, je 4. K Ü braun, je 5.K blau + je 1 WK blau
5 li und re F5 weiß:	1 MK weiß, je 1.+2.K weiß, je 3.K Ü braun + je 1 WK weiß
6 li und re F9 beige:	1 MK beige, je 1 K Ü gold + je 1 WK beige
7 li und re F8 gold:	1 MK gold

H Mit den folgenden Arbeitsfäden knüpft man jeweils nur 1 Wendeknoten, d. h. die Fadenrichtung wird sofort mit dem ersten Knoten wieder gewechselt.

Entgegengesetzt beidseitig von außen nach innen ab Wendeknoten:

8 li und re F9 beige:	je 1 WK Ü gold (Hier wird mit dem Unterfaden F8 ein Wendeknoten um den Arbeitsfaden F9 geknüpft; danach zeigt F8 nach innen, F9 nach außen.)
9 li und re F5 weiß:	je 1 WK weiß
10 li und re F4 blau:	je 1 WK blau
11 li und re F3 rot:	je 1 WK rot
12 RF0 li und re schwarz:	je 1 RWK schwarz (um den äußeren Unterfaden F2)

Entgegengesetzt beidseitig von innen nach außen ab Wendeknoten:

13 li und re F3 rot:	je 1 WK rot
14 li und re F4 blau:	je 1 WK blau
15 li und re F5 weiß:	je 1 WK weiß
16 li und re F9 beige:	je 1 WK beige
17 li und re F8 gold:	je 1 MK gold

I Nun ist genau die Mitte des Bandes erreicht. Von dort aus wird alles in umgekehrter Reihenfolge bis zum Ende zurückgeknüpft. Mit den folgenden Arbeitsfäden schließt man das verlängerte mittlere Karo.

Mittelteil/Ende – zurück beidseitig von außen nach innen ab Wendeknoten:

18 li und re F9 beige:	je 1.K Ü gold + 1 MK beige
19 li und re F5 weiß:	je 1.K Ü braun, je 2.+3.K weiß + 1 MK weiß
20 li und re F4 blau:	je 1.K blau, je 2.K Ü braun, je 3.+4.K blau, je 5.K Ü weiß + 1 MK blau
21 li und re F3 rot:	je 1.+2.K rot, je 3.K Ü braun, je 4.+5.K rot, je 6.K Ü weiß, je 7.K rot + 1 MK rot
22 li und re F2 grün:	je 1 RWK Ü schwarz, je 1.-7.K grün, je 8.K Ü rot + 1 MK grün
23 li und re F1 gold:	je 1 RWK Ü schwarz, je 1.-6.K gold, je 7.K Ü rot, je 8.K gold + 1 MK gold

J Nun werden der Reihenfolge nach Zwischenteil A, D/Anfang, D/Ende 2 (ergibt die nicht überdeckte Karohälfte) und Teil C jeweils einmal wiederholt. Weiter geht es mit dem zweiten Karo nach dem Mittelteil (Zwischenteil E):

Zwischenteil E/Anfang – beidseitig von innen nach außen:

li und re F5 weiß:	je 1.-3.K weiß + je 1 WK weiß
li und re F4 blau:	je 1.+2.K blau + je 1 WK blau
li und re F3 rot:	je 1.K rot + je 1 WK rot
li und re F2 grün:	je 1 WK grün

Zwischenteil E/Ende – zurück beidseitig von außen nach innen ab Wendeknoten:

li und re F2 grün:	je 1.K grün + 1 MK grün
li und re F3 rot:	je 1.+2.K rot, je 3.K Ü grün + 1 MK rot
li und re F4 blau:	je 1.-3.K blau, je 4.K Ü grün, je 5.K Ü rot + 1 MK blau
li und re F5 weiß:	je 1.-5.K weiß, je 6.K Ü rot, je 7.K weiß + 1 MK weiß

K Dann ist der Zwischenteil C noch einmal zu knüpfen, bevor die obere Hälfte des dritten Karos mit dem goldenen Faden beginnt.

Beidseitig von innen nach außen:

li und re F1 gold:	je 1.-3.K gold + je 1 WK gold
li und re F2 grün:	je 1.+2.K grün + je 1 WK grün
li und re F3 rot:	je 1.K rot + je 1 WK rot
li und re F4 blau:	je 1 WK blau

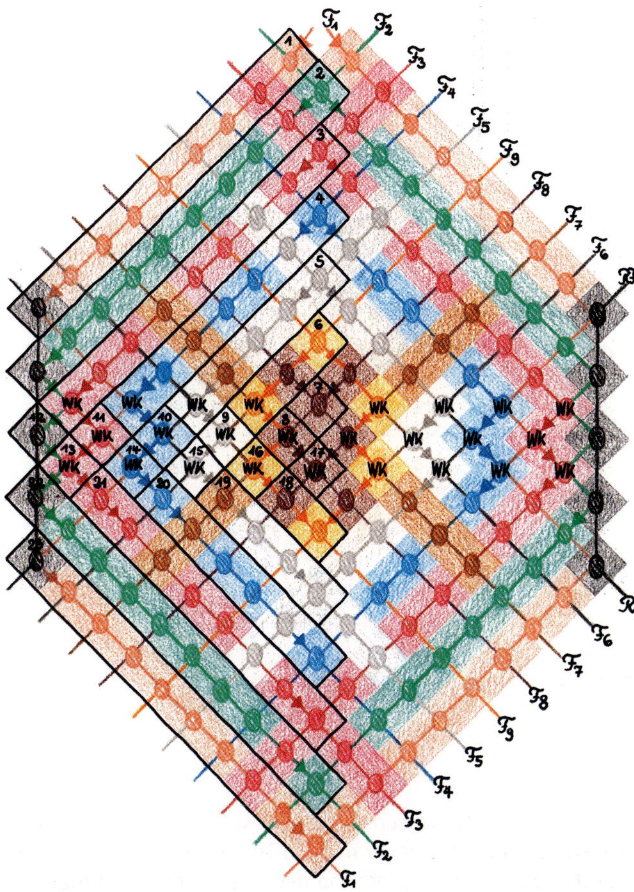

Zur besseren Übersichtlichkeit wurden nur in der linken Seite die Arbeitsgänge im Mittelteil von 1 bis 23 gekennzeichnet. Dem gegenüber ist die Fadenfolge aus der rechten Seite ersichtlich. Mit Richtungspfeilen versehene Linien stehen für die Arbeitsfäden, andere Linien für den Richtungslauf der jeweiligen Unterfäden.

L Für die untere Hälfte Zwischenteil D/Ende 2 wiederholen, dann noch einmal Zwischenteil C und E und zuletzt Teil A knüpfen. Der Abschluß des Bändchens wird nach folgendem Muster angelegt:

Abschluß – beidseitig von innen nach außen:

li und re F5 weiß ab MK:	je 1.-8.K weiß + je 1 RWK Ü schwarz
li und re F4 blau:	1 MK blau, je 1.-8.K blau + je 1 RWK Ü schwarz
li und re F3 rot:	1 MK rot, je 1.-8.K rot + je 1 RWK Ü schwarz
li und re F2 grün:	1 MK grün, je 1.-7.K grün (beim 3. Knoten je 2 Unterfäden auf einmal umknüpfen) + je 1 RWK Ü schwarz
li und re F1 gold:	1 MK gold, je 1.-6.K gold (beim 2. und 5. Knoten je 2 Unterfäden auf einmal umknüpfen) + je 1 RWK Ü schwarz

»Space«-Bändchen

Die Formen und Figuren des Musters können ruhig auch einmal etwas »flippiger« ausfallen. Mut zum Ungewöhnlichen gehört dazu.

> **Steckbrief**
>
> Bandlänge: 14 cm
> Anfang: umwickelte Schlaufe
> Ende: 2 Zöpfe von jeweils etwa 11 cm Länge
> Geknüpft werden Zweispitz-Muster und Karos mit Rand: beidseitig von außen nach innen bzw. von innen nach außen.

Die Fäden

20 Fäden (von außen nach innen):

li und re RF0 gold	(375)	/ je 120 cm (für die Schlaufe)
li und re F1 türkis	(528)	/ je 100 cm
li und re F2 türkis	(529)	/ je 100 cm
li und re F3 türkis	(530)	/ je 100 cm
li und re F4 rot	(72)	/ je 120 cm
li und re F5 rot	(72)	/ je 100 cm
li und re F6 gold	(375)	/ je 100 cm
li und re F7 türkis	(530)	/ je 90 cm
li und re F8 türkis	(529)	/ je 90 cm
li und re F9 türkis	(528)	/ je 90 cm

Hinweis:
Das Hauptmuster des Bands teilt sich waagerecht in 2 Spitzen, an denen jeweils 2 gleiche türkisfarbene Fäden zusammentreffen. Diese werden jeweils durch einen Mittelknoten verbunden und bilden die Ausgangs- und Endpunkte des Musters.
Achtung!! Verwechslungsgefahr bei den 3 verschiedenen Türkistönen F1, F2 und F3, die dazu noch jeweils doppelt vorkommen.

So wird's gemacht

A Die Fäden in der angegebenen Folge sortieren, gleichfarbige unbedingt markieren (siehe S.8) und nach dem Knüpfschema zunächst den Anfang arbeiten.

Anfang – beidseitig von außen nach innen:

li und re F1 türkis (528):	je 1 RWK Ü gold, je 1.-8.K türkis (528) + 1 MK türkis (528)
li und re F2 türkis (529):	je 1 RWK Ü gold, je 1.-8. K türkis (529) + 1 MK türkis (529)
li und re F3 türkis (650):	je 1 RWK Ü gold, je 1.-8.K türkis (530) + 1 MK türkis (530)
li und re F4 rot:	je 1 RWK Ü gold, je 1.-8.K rot + 1 MK rot

B Nun beginnt der Hauptteil 1, dessen erste 5 Arbeitsgänge (I bis V) den Zwischenteil bilden:

Hauptteil 1/Anfang

Weiter beidseitig von außen nach innen: (Zwischenteil)

I	li und re F5 rot:	je 1 RWK Ü gold, je 1.-3.K rot + je 1 WK rot
II	li und re F6 gold:	je 1 RWK Ü gold, je 1.K gold + je 1 WK gold
III	li und re RF0 gold:	je 1 RWK gold (um F7)

Zurück beidseitig von innen nach außen ab Wendeknoten:

IV	li und re F6 gold:	je 1.K gold + je 1 RWK Ü gold
V	li und re F5 rot:	je 1.-3.K rot + je 1 RWK Ü gold

C Anschließend wird das Hauptmuster ausgehend von der linken und rechten Spitze, in denen die gleichfarbigen F9 und F1 türkis jeweils zusammentreffen, geknüpft:

Hauptmuster/1. Teil:

1 li und re F9 + F1 türkis (528): je 1 MK türkis (528) (links und rechts). (Danach zeigt F9 jeweils nach innen, F1 jeweils nach außen.)
1a li und re F9 türkis (528) je ab MK von außen nach innen: je 1.-3.K türkis (528) + 1 MK türkis (528)
1b li und re F1 türkis (528) je ab MK von innen nach außen: je 1.-4.K türkis (528) + je 1 RWK Ü gold
2 li und re F8 + F2 türkis (529): je 1 MK türkis (529) (Danach zeigt F8 jeweils nach innen, F2 jeweils nach außen.)
2a li und re F8 türkis (529) je ab MK von außen nach innen: je 1.K türkis (529), je 2.K Ü rot, je 3.K türkis (529) + 1 MK türkis (529)
2b li und re F2 türkis (529) je ab MK von innen nach außen: je 1.K türkis (529), je 2.K Ü gold, je 3.+4.K türkis (529) + je 1 RWK Ü gold
3 li und re F7 + F3 türkis (530): je 1 MK türkis (530) (Danach zeigt F7 jeweils nach innen, F3 nach außen.)
3a li und re F7 türkis (530) je ab MK von außen nach innen: je 1.K Ü rot, je 2.+3. K türkis (530) + 1 MK türkis (530)
3b li und re F3 türkis (530) je ab MK von innen nach außen: je 1.K Ü gold, je 2.+3.K türkis (530) + je 1 WK türkis (530)
4 li und re F6 + F4 gold/rot: je 1 MK rot oben (Danach zeigt F6 jeweils nach innen, F4 jeweils nach außen.)

4a li und re F6 gold je ab MK von außen nach innen:
je 1.K gold + je 1 WK gold

4b li und re F4 rot je ab MK von innen nach außen:
je 1.K rot + je 1 WK rot

5 li und re F5 + F9 rot/türkis (528): je 1 MWK türkis (528) oben (Hier wird mit dem jeweiligen Mittelknoten gleichzeitig ein Wendeknoten mit F9 als Arbeitsfaden geknüpft. Danach zeigt F9 jeweils nach innen, F5 jeweils nach außen.)

D Dann arbeitet man zurück in umgekehrter Reihenfolge:

Hauptmuster/2. Teil:

6a li und re F4 rot je ab WK von außen nach innen: je 1 K rot

6b li und re F6 gold je ab WK von innen nach außen: je 1 K gold

6 li und re F4 + F6 rot/gold: je 1 MK gold oben (Danach zeigt F4 jeweils nach innen, F6 jeweils nach außen.)

7a li und re F3 türkis (530) je ab WK von außen nach innen:
je 1.+2.K türkis (530) + je 3.K Ü gold

7b li und re F7 türkis (530) ab MK von innen nach außen:
je 1.+2.K türkis (530) + je 3.K Ü rot

7 li und re F3 + F7 türkis (530): je 1 MK türkis (530) (Danach zeigt F3 jeweils nach innen, F7 jeweils nach außen.)

8a li und re F2 türkis (529)
von außen nach innen: je 1 RWK Ü gold, je 1.+2.K türkis (529), je 3.K Ü gold + je 4.K türkis (529)

8b li und re F8 türkis (529)
von innen nach außen: 1 MK türkis (529), je 1.K türkis (529), je 2.K Ü rot + je 3.K türkis (529)

8 li und re F2 + F8 türkis (529): je 1 MK türkis (529) (Danach zeigt F2 jeweils nach innen, F8 jeweils nach außen.)

9a li und re F1 türkis (528)
von außen nach innen: je 1 RWK Ü gold + je 1.-4.K türkis (528)

9b li und re F9 türkis (528)
von innen nach außen: 1 MK türkis (528) + je 1.-3.K türkis (528)

9 li und re F1 + F9 türkis (528): je 1 MK türkis (528) (Danach zeigt F1 jeweils nach innen, F9 jeweils nach außen.)

E Den Zwischenteil einmal wiederholen: Damit ist der Hauptteil 1 beendet.

Hauptteil 1/Ende

Gezeigt wird der Hauptteil 1 mit den Arbeitsgängen I bis V (Zwischenteil A) und 1 bis 9. Die Reihen 10 bis 18 bilden den Hauptteil 2.

(Zur besseren Unterscheidung des Musters sind F5, F7, F8 und F9 mit gestrichelten Linien dargestellt.)

F Im folgenden wird aus der Mitte heraus das Karo mit seinem Zwischenmuster geknüpft (Hauptteil 2), das durch die »Ton-in-Ton«-Türkistöne sehr fließend wirkt.

Hauptteil 2/Anfang – weiter beidseitig von innen nach außen:

10 li und re F4 rot:	1 MK rot, je 1.-5.K rot, je 6.K Ü türkis (530), je 7.K rot + je 1 WK rot
11 li und re F3 türkis (530):	1 MK türkis (530), je 1.-3.K türkis (530), je 4.K Ü türkis (529), je 5.K türkis (530) + je 1 WK türkis (530)
12 li und re F2 türkis (529):	1 MK türkis (529), je 1.K türkis (529), je 2.K Ü türkis (528), je 3.K türkis (529) + je 1 WK Ü türkis (530) (Hier wird mit dem Unterfaden ein Wendeknoten um den Arbeitsfaden geknüpft, da an dieser Stelle der Arbeitsfaden die Richtung wechselt. Danach zeigt F2 jeweils nach innen, F7 jeweils nach außen.)
13 li und re F1 türkis (528):	1 MK türkis (528), je 1.K türkis (528) + je 1 WK Ü türkis (529) (Danach zeigt F1 jeweils nach innen, F8 jeweils nach außen.)
14 li und re F9 türkis (528):	1 MK türkis (528)

Hauptteil 2/Ende – zurück beidseitig von außen nach innen ab Wendeknoten:

15 li und re F1 türkis (528):	je 1.K türkis (528) + 1 MK türkis (528)
16 li und re F2 türkis (529):	je 1.K türkis (529), je 2.K Ü türkis (528), je 3.K türkis (529) + 1 MK türkis (529)
17 li und re F3 türkis (530):	je 1.K türkis (530), je 2.K Ü türkis (529), je 3.-5.K türkis (530) + 1 MK türkis (530)
18 li und re F4 rot:	je 1.K rot, je 2.K Ü türkis (530), je 3.-7.K rot + 1 MK rot

G Hauptteil 1 und 2 nacheinander zweimal wiederholen; dann noch einmal Hauptteil 1 anfügen. Der Abschluß wird nach folgendem Muster geknüpft:

Abschluß – beidseitig von innen nach außen:

li und re F4 rot:	1 MK rot, je 1.-8.K rot + 1 RWK Ü gold
li und re F3 türkis (530):	1 MK türkis (530), je 1.-7.K türkis (530) (beim 3. Knoten je 2 Unterfäden auf einmal umknüpfen) + je 1 RWK Ü gold
li und re F2 türkis (529):	1 MK türkis (529), je 1.-6.K türkis (529) (beim 2. und 4. Knoten je 2 Unterfäden auf einmal umknüpfen) + je 1 RWK Ü gold
li und re F1 türkis (528):	1 MK türkis (528), je 1.-5.K türkis (528) (beim 1., 3. und 5. Knoten je 2 Unterfäden auf einmal umknüpfen) + je 1 RWK Ü gold

Fußbändchen »Feuerland« (Abbildung S. 58/59)

Mit den flammenden Rottönen dieses Bändchens läßt sich sofort »Feuerland« verbinden. Dazu paßt ideal Grün; aber auch warme Orange-Braun- und Gelbabstufungen sind gut vorstellbar.

Steckbrief

Bandlänge: 19 cm
Anfang: umwickelte Schlaufe
Ende: 2 Zöpfe von jeweils etwa 10 cm Länge
Geknüpft wird Ton in Ton und beidseitig von außen nach innen bzw. innen nach außen ein durchlaufendes Muster.

Die Fäden

16 Fäden (von außen nach innen):

li und re F1 orange	(13) / je 110 cm
li und re F2 rot	(19) / je 110 cm
li und re F3 rot	(20) / je 120 cm
li und re F4 rot	(22) / je 140 cm (für die Schlaufe)
li und re F5 grün	(186) / je 130 cm
li und re F6 grün	(187) / je 120 cm
li und re F7 grün	(188) / je 110 cm
li und re F8 grün	(189) / je 110 cm

Mein Tip:

Die unterschiedlichen Rot- und Grüntöne durch Fädchen markieren (siehe S.8), damit beim Knüpfen die Fäden eindeutig zu bestimmen sind.
Wenn die Knüpfarbeit unterbrochen wird, ist es hilfreich, mit Bleistift die betreffende Stelle im Anleitungstext zu kennzeichnen.

So wird's gemacht

A Die Fäden in der angegebenen Folge sortieren und nach dem Knüpfschema den Anfang und die erste Hälfte des Bands arbeiten.

Anfang - beidseitig von außen nach innen:

li und re F1 orange:	je 1.-7.K orange + 1 MK orange
li und re F2 rot (19):	je 1.-7.K rot (19) + 1 MK rot (19)
li und re F3 rot (20):	je 1.-7.K rot (20) + 1 MK rot (20)
li und re F4 rot (22):	je 1.-7.K rot (22) + 1 MK rot (22)

1a li und re F5 grün (186): je 1.-7.K grün (186) + 1 MK grün (186)
1b li und re F6 grün (187): je 1.-5.K grün (187) + je 1 WK grün (187)
1c li und re F7 grün (188): je 1.-3.K grün (188) + je 1 WK grün (188)
1d li und re F8 grün (189): je 1.K grün (189) + je 1 WK grün (189)

Entgegengesetzt beidseitig von innen nach außen ab Wendeknoten:
2a li und re F8 grün (189): je 1 K grün (189)
2b li und re F7 grün (188): je 1.+2.K grün (188) + je 1 WK grün (188)
2c li und re F6 grün (187): je 1.+2.K grün (187) + je 1 WK grün (187)
2d li und re F5 grün (186) ab MK: je 1.+2.K grün (186) + je 1 WK grün (186)
2e li und re F4 rot (22) aus der Mitte: 1 MK rot (22) + je 1 WK rot (22)

Entgegengesetzt beidseitig von außen nach innen ab Wendeknoten:
3a li und re F4 rot (22): 1 MK rot (22)
3b li und re F5 grün (186): je 1 WK grün (186)
3c li und re F6 grün (187): je 1 WK grün (187)
3d li und re F7 grün (188): je 1 WK grün (188)

Entgegengesetzt beidseitig von innen nach außen ab Wendeknoten:
4a li und re F7 grün (188): je 1 K grün (188) (nach außen ablegen)
4b li und re F6 grün (187): je 1.K grün (187) + je 1 WK grün (187)
4c li und re F5 grün (186): je 1.K grün (186) + je 1 WK grün (186)
4d li und re F4 rot (22) ab MK: je 1.K rot (22) + je 1 WK rot (22)
4e li und re F3 rot (20) aus der Mitte: 1 MK rot (20)

Entgegengesetzt beidseitig von außen nach innen ab Wendeknoten:
5a li und re F4 rot (22): je 1 WK rot (22)
5b li und re F5 grün (186): je 1 WK grün (186)
5c li und re F6 grün (187): je 1 WK grün (187)
5d li und re F7 grün (188) von außen: je 1 WK grün (188)

Entgegengesetzt beidseitig von innen nach außen ab Wendeknoten:
6a li und re F6 grün (187): je 1.K grün (187) + je 1 WK grün (187)
6b li und re F5 grün (186): je 1.K grün (186) + je 1 WK grün (186)
6c li und re F4 rot (22): je 1.K rot (22) + je 1 WK rot (22)
6d li und re F3 rot (20) aus der Mitte: 1 MK rot (20) + je 1 WK rot (20)

Entgegengesetzt beidseitig von außen nach innen ab Wendeknoten:
7a li und re F3 rot (20): 1 MK rot (20)
7b li und re F4 rot (22): je 1 WK rot (22)
7c li und re F5 grün (186): je 1 WK grün (186)
7d li und re F6 grün (187): je 1 WK grün (187)

Entgegengesetzt beidseitig von innen nach außen ab Wendeknoten:
8a li und re F6 grün (187): je 1 K grün (187) (nach außen ablegen)
8b li und re F5 grün (186): je 1.K grün (186) + je 1 WK grün (186)

8c li und re F4 rot (22): je 1.K rot (22) + je 1 WK rot (22)
8d li und re F3 rot (20) ab MK: je 1.K rot (20) + je 1 WK rot (20)
8e li und re F2 rot (19) aus der Mitte: 1 MK rot (19)

Entgegengesetzt beidseitig von außen nach innen ab Wendeknoten:
9a li und re F3 rot (20): je 1 WK rot (20)
9b li und re F4 rot (22): je 1 WK rot (22)
9c li und re F5 grün (186): je 1 WK grün (186)
9d li und re F6 grün (187)
von außen: je 1 WK grün (187)

Entgegengesetzt beidseitig von innen nach außen ab Wendeknoten:
10a li und re F5 grün (186): je 1.K grün (186) + je 1 WK grün (186)
10b li und re F4 rot (22): je 1.K rot (22) + je 1 WK rot (22)
10c li und re F3 rot (20): je 1.K rot (20) + je 1 WK rot (20)
10d li und re F2 rot (19) aus der Mitte: 1 MK rot(19) + je 1 WK rot (19)

Entgegengesetzt beidseitig von außen nach innen ab Wendeknoten:
11a li und re F2 rot (19): 1 MK rot (19)
11b li und re F3 rot (20): je 1 WK rot (20)
11c li und re F4 rot (22): je 1 WK rot (22)
11d li und re F5 grün (186): je 1 WK grün (186)

Entgegengesetzt beidseitig von innen nach außen ab Wendeknoten:
12a li und re F5 grün (186): je 1 WK grün (186)
12b li und re F4 rot (22): je 1 WK rot (22)
12c li und re F3 rot (20): je 1 WK rot (20)
12d li und re F2 rot (19) ab MK: je 1 WK rot (19)

Entgegengesetzt beidseitig von außen nach innen ab Wendeknoten:
13a li und re F2 rot (19): 1 MK rot (19)
13b li und re F3 rot (20): je 1.+2.K rot (20) + 1 MK rot (20)
13c li und re F4 rot (22): je 1.-3.K rot (22) + je 1 WK rot (22)
13d li und re F5 grün (186): je 1.-3.K grün (186) + je 1 WK grün (186)
13e li und re F6 grün (187) von außen: je 1.+2.K grün (187) + je 1 WK grün (187)
13f li und re F7 grün (188) von außen: je 1 WK grün (188) (nach außen ablegen)

Entgegengesetzt beidseitig von innen nach außen ab Wendeknoten:
14a li und re F6 grün (187): je 1 WK grün (187)
14b li und re F5 grün (186): je 1 WK grün (186)
14c li und re F4 rot (22): je 1 WK rot (22)
14d li und re F3 rot (20) aus der Mitte: 1 MK rot (20)

Entgegengesetzt beidseitig von außen nach innen ab Wendeknoten:
15a li und re F4 rot (22): je 1.K rot (22) + 1 MK rot (22)
15b li und re F5 grün (186): je 1.-3.K grün (186) + 1 MK grün (186)
15c li und re F6 grün (187): je 1.-3.K grün (187) + je 1 WK grün (187)
15d li und re F7 grün (188) von außen: je 1.-3.K grün (188) + je 1 WK grün (188)
15e li und re F8 grün (189) von außen: je 1.K grün (189) + je 1 WK grün (189)

Die Zeichnung zeigt die Arbeitsgänge 1 bis 15. Bis zur Mitte wird in der gleichen Weise weitergeknüpft, dann dreht sich das Muster für die zweite Hälfte des Bands um.
Mit Richtungspfeilen versehene Linien zeigen den Lauf der jeweiligen Arbeitsfäden, die übrigen stellen die Unterfäden dar.

Entgegengesetzt beidseitig von innen nach außen ab Wendeknoten:

li und re F8 grün (189): je 1 WK grün (189)
li und re F7 grün (188): je 1 WK grün (188)
li und re F6 grün (187): je 1 WK grün (187)
li und re F5 grün (186) ab MK: je 1 WK grün (186)

Entgegengesetzt beidseitig von außen nach innen ab Wendeknoten:

li und re F5 grün (186): 1 MK grün (186)
li und re F6 grün (187): je 1.+2.K grün (187) + 1 MK grün (187)
li und re F7 grün (188): je 1.-4.K grün (188) + 1 MK grün (188)
li und re F8 grün (189): je 1.-4.K grün (189) + je 1 WK grün (189)
li und re F1 orange von außen: je 1.-3.K orange + je 1 WK orange
li und re F2 rot (19): je 1.K rot (19) + je 1 WK rot (19)

Entgegengesetzt beidseitig von innen nach außen ab Wendeknoten:

li und re F2 rot (19): je 1 WK rot (19)
li und re F1 orange: je 1 WK orange
li und re F8 grün (189): je 1 WK grün (189)
li und re F7 grün (188) ab MK: je 1 WK grün (188)

Entgegengesetzt beidseitig von außen nach innen ab Wendeknoten:

li und re F7 grün (188): 1 MK grün (188)
li und re F8 grün (189): je 1.+2.K grün (189) + 1 MK grün (189)
li und re F1 orange: je 1.-4.K orange + 1 MK orange
li und re F2 rot (19): je 1.-4.K rot (19) + je 1 WK rot (19)
li und re F3 rot (20) von außen: je 1.-3.K rot (20) + je 1 WK rot (20)
li und re F4 rot (22) von außen: je 1.K rot (22) + je 1 WK rot (22)

Entgegengesetzt beidseitig von innen nach außen ab Wendeknoten:

li und re F4 rot (22): je 1 WK rot (22)
li und re F3 rot (20): je 1 WK rot (20)
li und re F2 rot (19): je 1 WK rot (19)
li und re F1 orange ab MK: je 1 WK orange

Entgegengesetzt beidseitig von außen nach innen ab Wendeknoten:

li und re F1 orange: 1 MK orange
li und re F2 rot (19): je 1.+2.K rot (19) + 1 MK rot (19)
li und re F3 rot (20): je 1.-4.K rot (20) + 1 MK rot (20)
li und re F4 rot (22): je 1.-4.K rot (22) + je 1 WK rot (22)
li und re F5 grün (186) von außen: je 1.-3.K grün (186) + je 1 WK grün (186)
li und re F6 grün (187) von außen: je 1.K grün (187) + je 1 WK grün (187)

Entgegengesetzt beidseitig von innen nach außen ab Wendeknoten:

li und re F6 grün (187): je 1 WK grün (187)
li und re F5 grün (186): je 1 WK grün (186)

li und re F4 rot (22): je 1 WK rot (22)
li und re F3 rot (20) ab MK: je 1 WK rot (20)

Entgegengesetzt beidseitig von außen nach innen ab Wendeknoten:
li und re F3 rot (20): 1 MK rot (20)
li und re F4 rot (22): je 1.+2.K rot (22) + 1 MK rot (22)
li und re F5 grün (186): je 1.+2.K grün (186) + je 1 WK grün (186)
li und re F6 grün (187): je 1.+2.K grün (187) + je 1 WK grün (187)
li und re F7 grün (188) von außen: je 1.K grün (188) + je 1 WK grün (188)

Entgegengesetzt beidseitig von innen nach außen ab Wendeknoten:
li und re F7 grün (188): je 1 K grün (188)
li und re F6 grün (187): je 1.+2.K grün (187) + je 1 WK grün (187)
li und re F5 grün (186): je 1.+2.K grün (186) + je 1 WK grün (186)
li und re F4 rot (22) ab MK: je 1.+2. K rot (22) + je 1 WK rot (22)
li und re F3 rot (20) aus der Mitte: 1 MK rot (20) + je 1 WK rot (20)

Entgegengesetzt beidseitig von außen nach innen ab Wendeknoten:
li und re F3 rot (20): 1 MK rot (20)
li und re F4 rot (22): je 1 WK rot (22)
li und re F5 grün (186): je 1 WK grün (186)
li und re F6 grün (187): je 1 WK grün (187)

Entgegengesetzt beidseitig von innen nach außen ab Wendeknoten:
li und re F6 grün (187): je 1 K grün (187)
li und re F5 grün (186): je 1.-3.K grün (186)
li und re F4 rot (22): je 1.-5.K rot (22)
li und re F3 rot (20) ab MK: je 1.-7.K rot (20)
li und re F2 rot (19) aus der Mitte: 1 MK rot (19), je 1.-6.K rot (19) + je 1 WK rot (19)
li und re F1 orange aus der Mitte: 1 MK orange, je 1.-4.K orange + je 1 WK orange
li und re F8 grün (189) aus der Mitte: 1 MK grün (189), je 1.+2.K grün (189) + je 1 WK grün (189)
li und re F7 grün (188) aus der Mitte: 1 MK grün (188) + je 1 WK grün (188)

Entgegengesetzt beidseitig von außen nach innen ab Wendeknoten:
li und re F7 grün (188): 1 MK grün (188)
li und re F8 grün (189): je 1.K grün (189) + je 1 WK grün (189)
li und re F1 orange: je 1.K orange + je 1 WK orange
li und re F2 rot (19): je 1.K rot (19) + je 1 WK rot (19)
li und re F3 rot (20) von außen: je 1 WK rot (20) (nach außen ablegen)

Entgegengesetzt beidseitig von innen nach außen ab Wendeknoten:
li und re F2 rot (19): je 1 WK rot (19)
li und re F1 orange: je 1 WK orange
li und re F8 grün (189): je 1 WK grün (189)
li und re F7 grün (188) aus der Mitte: 1 MK grün (188)

Entgegengesetzt beidseitig von außen nach innen ab Wendeknoten:
li und re F8 grün (189): je 1 WK grün (189)
li und re F1 orange: je 1 WK orange
li und re F2 rot (19): je 1 WK rot (19)
li und re F3 rot (20) von außen: je 1 WK rot (20)

Entgegengesetzt beidseitig von innen nach außen ab Wendeknoten:
li und re F2 rot (19): je 1.+2.K rot (19)
li und re F1 orange: je 1.-4.K orange
li und re F8 grün (189): je 1.-6.K grün (189)
li und re F7 grün (188) aus der Mitte: 1 MK grün (188) + je 1.-7.K grün (188) (nach außen ablegen)
li und re F6 grün (187) aus der Mitte: 1 MK grün (187), je 1.K grün (187), je 2.K Ü rot (22), je 3.-5.K grün (187) und je 1 WK grün (187)
li und re F5 grün (186) aus der Mitte: 1 MK grün (186), je 1.K Ü rot (22), je 2.+3.K grün (186) + je 1 WK grün (186)
li und re F4 rot (22) aus der Mitte: 1 MK rot (22), je 1.K rot (22) + je 1 WK rot (22)
li und re F3 rot (20) aus der Mitte: 1 MK rot (20)

8 An dieser Stelle ist die Mitte des Bands erreicht. Für die zweite Hälfte kehrt sich das gesamte bisherige Muster um: Es wird in umgekehrter Reihenfolge zurückgeknüpft.

Mein Tip:

Stellt man sich die erste Hälfte auf den Kopf gedreht vor, ist es leicht festzustellen, an welchem Punkt im Muster man sich gerade befindet.

Entgegengesetzt beidseitig von außen nach innen ab Wendeknoten:
li und re F4 rot (22): je 1.K rot (22) + 1 MK rot (22)
li und re F5 grün (186): je 1.+2.K grün (186), je 3.K Ü rot (22), + 1 MK grün (186)
li und re F6 grün (187): je 1.-3.K grün (187), je 4.K Ü rot (22), je 5.K grün (187) + 1 MK grün (187)
li und re F7 grün (188) von außen: je 1.-7.K grün (188) + 1 MK grün (188)
li und re F8 grün (189) von außen: je 1.-6.K grün (189) + je 1 WK grün (189)
li und re F1 orange von außen: je 1.-4.K orange + je 1 WK orange

li und re F2 rot (19) von außen: je 1.+2.K rot (19)
+ je 1 WK rot (19)
li und re F3 rot (20) von außen: je 1 WK rot (20)
(nach außen ablegen)

Entgegengesetzt beidseitig von innen nach außen ab Wendeknoten:
li und re F2 rot (19): je 1 WK rot (19)
li und re F1 orange: je 1 WK orange
li und re F8 grün (189): je 1 WK grün (189)
li und re F7 grün (188) aus der Mitte: 1 MK grün (188)

Entgegengesetzt beidseitig von außen nach innen ab Wendeknoten:
li und re F8 grün (189): je 1 WK grün (189)
li und re F1 orange: je 1 WK orange
li und re F2 rot (19): je 1 WK rot (19)
li und re F3 rot (20) von außen: je 1 WK rot (20)

Entgegengesetzt beidseitig von innen nach außen ab Wendeknoten:
li und re F2 rot (19): je 1.K rot (19) + je 1 WK rot (19)
li und re F1 orange: je 1.K orange + je 1 WK orange
li und re F8 grün (189): je 1.K grün (189) + je 1 WK grün (189)
li und re F7 grün (188) aus der Mitte: 1 MK grün (188)
+ je 1 WK grün (188)

Entgegengesetzt beidseitig von außen nach innen ab Wendeknoten:
li und re F7 grün (188): 1 MK grün (188)
li und re F8 grün (189): je 1.+2. K grün (189) + 1 MK grün (189)
li und re F1 orange: je 1.-4.K orange + 1 MK orange
li und re F2 rot (19): je 1.-6.K rot (19) + 1 MK rot (19)
li und re F3 rot (20) von außen: je 1.-7.K rot (20)
+ 1 MK rot (20)
li und re F4 rot (22) von außen: je 1.-5.K rot (22)
je 1 WK rot (22)
li und re F5 grün (186) von außen: je 1.-3.K grün (186)
+ je 1 WK grün (186)
li und re F6 grün (187) von außen: je 1.K grün (187)
+ je 1 WK grün (187)

Entgegengesetzt beidseitig von innen nach außen ab Wendeknoten:
li und re F6 grün (187): je 1 WK grün (187)
li und re F5 grün (186): je 1 WK grün (186)
li und re F4 rot (22): je 1 WK rot (22)
li und re F3 rot (20) ab MK: je 1 WK rot (20)

Entgegengesetzt beidseitig von außen nach innen ab Wendeknoten:
li und re F3 rot (20): 1 MK rot (20)
li und re F4 rot (22): je 1.+2.K rot (22) + 1 MK rot (22)
li und re F5 grün (186): je 1.+2.K grün (186)
+ je 1 WK grün (186)
li und re F6 grün (187): je 1.+2.K grün (187)
+ je 1 WK grün (187)

li und re F7 grün (188) von außen: je 1.K grün (188)
+ je 1 WK grün (188)

Entgegengesetzt beidseitig von innen nach außen ab Wendeknoten:
li und re F7 grün (188): je 1.K grün (188)
li und re F6 grün (187): je 1.+2.K grün (187)
+ je 1 WK grün (187)
li und re F5 grün (186): je 1.+2.K grün (186)
+ je 1 WK grün (186)
li und re F4 rot (22) ab MK: je 1.+2.K rot (22)
+ je 1 WK rot (22)
li und re F3 rot (20) aus der Mitte: 1 MK rot (20)
+ je 1 WK rot (20)

Entgegengesetzt beidseitig von außen nach innen ab Wendeknoten:
li und re F3 rot (20): 1 MK rot (20)
li und re F4 rot (22): je 1 WK rot (22)
li und re F5 grün (186): je 1 WK grün (186)
li und re F6 grün (187): je 1 WK grün (187)

Entgegengesetzt beidseitig von innen nach außen ab Wendeknoten:
li und re F6 grün (187): je 1 K grün (187)
li und re F5 grün (186): je 1.-3.K grün (186)
li und re F4 rot (22): je 1.-4.K rot (22) + je 1 WK rot (22)
li und re F3 rot (20) ab MK: je 1.-4.K rot (20) + je 1 WK rot (20)
li und re F2 rot (19) aus der Mitte: 1 MK rot (19), je 1.+2.K rot (19) + je 1 WK rot (19)
li und re F1 orange aus der Mitte: 1 MK orange
+ je 1 WK orange

Entgegengesetzt beidseitig von außen nach innen ab Wendeknoten:
li und re F1 orange: 1 MK orange
li und re F2 rot (19): je 1 WK rot (19)
li und re F3 rot (20): je 1 WK rot (20)
li und re F4 rot (22): je 1 WK rot (22)

Entgegengesetzt beidseitig von innen nach außen ab Wendeknoten:
li und re F4 rot (22): je 1 K rot (22)
li und re F3 rot (20): je 1.-3.K rot (20)
li und re F2 rot (19): je 1.-4.K rot (19) + je 1 WK rot (19)
li und re F1 orange ab MK: je 1.-4.K orange + je 1 WK orange
li und re F8 grün (189) aus der Mitte: 1 MK grün (189), je 1.+2.K grün (189) + je 1 WK grün (189)
li und re F7 grün (188) aus der Mitte: 1 MK grün (188) + je 1 WK grün (188)

Entgegengesetzt beidseitig von außen nach innen ab Wendeknoten:
li und re F7 grün (188): 1 MK grün (188)
li und re F8 grün (189): je 1 WK grün (189)
li und re F1 orange: je 1 WK orange
li und re F2 rot (19): je 1 WK rot (19)

Entgegengesetzt beidseitig von innen nach außen ab Wendeknoten:
li und re F2 rot (19): je 1 K rot (19)
li und re F1 orange: je 1.-3.K orange
li und re F8 grün (189): je 1.-4.K grün (189) + je 1 WK grün (189)
li und re F7 grün (188) ab MK: je 1.-4.K grün (188) + je 1 WK grün (188)
li und re F6 grün (187) aus der Mitte: 1 MK grün (187), je 1.+2.K grün (187) + je 1 WK grün (187)
li und re F5 grün (186) aus der Mitte: 1 MK grün (186) + je 1 WK grün (186)

Entgegengesetzt beidseitig von außen nach innen ab Wendeknoten:
li und re F5 grün (186): 1 MK grün (186)
li und re F6 grün (187): je 1 WK grün (187)
li und re F7 grün (188): je 1 WK grün (188)
li und re F8 grün (189) je 1 WK grün (189)

Entgegengesetzt beidseitig von innen nach außen ab Wendeknoten:
li und re F8 grün (189): je 1 K grün (189)
li und re F7 grün (188): je 1.-3.K grün (188) (nach außen ablegen)
li und re F6 grün (187): je 1.-3.K grün (187) + je 1 WK grün (187)
li und re F5 grün (186) ab MK: je 1.-3.K grün (186) + je 1 WK grün (186)
li und re F4 rot (22) aus der Mitte: 1 MK rot (22), je 1.K rot (22) + je 1 WK rot (22)
li und re F3 rot (20) aus der Mitte: 1 MK rot (20)

Entgegengesetzt beidseitig von außen nach innen ab Wendeknoten:
li und re F4 rot (22): je 1 WK rot (22)
li und re F5 grün (186): je 1 WK grün (186)
li und re F6 grün (187): je 1 WK grün (187)
li und re F7 grün (188) von außen: je 1 WK grün (188)

Entgegengesetzt beidseitig von innen nach außen ab Wendeknoten:
li und re F6 grün (187): je 1.+2.K grün (187)
li und re F5 grün (186): je 1.-3.K grün (186) + je 1 WK grün (186)
li und re F4 rot (22): je 1.-3.K rot (22) + je 1 WK rot (22)
li und re F3 rot (20) aus der Mitte: 1 MK rot (20), je 1.+2.K rot (20) + je 1 WK rot (20)
li und re F2 rot (19) aus der Mitte: 1 MK rot (19) + je 1 WK rot (19)

Entgegengesetzt beidseitig von außen nach innen ab Wendeknoten:
li und re F2 rot (19): 1 MK rot (19)
li und re F3 rot (20): je 1 WK rot (20)
li und re F4 rot (22): je 1 WK rot (22)
li und re F5 grün (186): je 1 WK grün (186)

Entgegengesetzt beidseitig von innen nach außen ab Wendeknoten:
li und re F5 grün (186): je 1 WK grün (186)
li und re F4 rot (22): je 1 WK rot (22)
li und re F3 rot (20): je 1 WK rot (20)
li und re F2 rot (19) ab MK: je 1 WK rot (19)

Entgegengesetzt beidseitig von außen nach innen ab Wendeknoten:
li und re F2 rot (19): 1 MK rot (19)
li und re F3 rot (20): je 1.K rot (20) + je 1 WK rot (20)
li und re F4 rot (22): je 1.K rot (22) + je 1 WK rot (22)
li und re F5 grün (186): je 1.K grün (186) + je 1 WK grün (186)
li und re F6 grün (187) von außen: je 1 WK grün (187) (nach außen ablegen)

Entgegengesetzt beidseitig von innen nach außen ab Wendeknoten:
li und re F5 grün (186): je 1 WK grün (186)
li und re F4 rot (22): je 1 WK rot (22)
li und re F3 rot (20): je 1 WK rot (20)
li und re F2 rot (19) aus der Mitte: 1 MK rot (19)

Entgegengesetzt beidseitig von außen nach innen ab Wendeknoten:
li und re F3 rot (20): je 1.K rot (20) + 1 MK rot (20)
li und re F4 rot (22): je 1.K rot (22) + je 1 WK rot (22)
li und re F5 grün (186): je 1.K grün (186) + je 1 WK grün (186)
li und re F6 grün (187) von außen: je 1.K grün (187) + je 1 WK grün (187)

Entgegengesetzt beidseitig von innen nach außen ab Wendeknoten:
li und re F6 grün (187): je 1 WK grün (187)
li und re F5 grün (186): je 1 WK grün (186)
li und re F4 rot (22): je 1 WK rot (22)
li und re F3 rot (20): je 1 WK rot (20)

Entgegengesetzt beidseitig von außen nach innen ab Wendeknoten:
li und re F3 rot (20): 1 MK rot (20)
li und re F4 rot (22): je 1.K rot (22) + je 1 WK rot (22)
li und re F5 grün (186): je 1.K grün (186) + je 1 WK grün (186)
li und re F6 grün (187): je 1.K grün (187) + je 1 WK grün (187)
li und re F7 grün (188) von außen: je 1 WK grün (188) (nach außen ablegen)

Entgegengesetzt beidseitig von innen nach außen ab Wendeknoten:
li und re F6 grün (187): je 1 WK grün (187)
li und re F5 grün (186): je 1 WK grün (186)
li und re F4 rot (22): je 1 WK rot (22)
li und re F3 rot (20) aus der Mitte: 1 MK rot (20)

Entgegengesetzt beidseitig von außen nach innen ab Wendeknoten:
li und re F4 rot (22): je 1.K rot (22) + 1 MK rot (22)

li und re F5 grün (186): je 1.K grün (186) + je 1 WK grün (186)
li und re F6 grün (187): je 1.K grün (187) + je 1 WK grün (187)
li und re F7 grün (188) von außen: je 1.K grün (188) + je 1 WK grün (188)

Entgegengesetzt beidseitig von innen nach außen ab Wendeknoten:
li und re F7 grün (188): je 1 WK grün (188)
li und re F6 grün (187): je 1 WK grün (187)
li und re F5 grün (186): je 1 WK grün (186)
li und re F4 rot (22) ab MK: je 1 WK rot (22)

Entgegengesetzt beidseitig von außen nach innen ab Wendeknoten:
li und re F4 rot (22): 1 MK rot (22)
li und re F5 grün (186): je 1.+2.K grün (186) + 1 MK grün (186)
li und re F6 grün (187): je 1.+2.K grün (187) + je 1 WK grün (187)
li und re F7 grün (188): je 1.+2.K grün (188) + je 1 WK grün (188)
li und re F8 grün (189) von außen: je 1.K grün (189) + je 1 WK grün (189)

Entgegengesetzt beidseitig von innen nach außen ab Wendeknoten:
li und re F8 grün (189): je 1.K grün (189)
li und re F7 grün (188): je 1.-3.K grün (188)
li und re F6 grün (187): je 1.-5.K grün (187)
li und re F5 grün (186) ab MK: je 1.-7.K grün (186)
li und re F4 rot (22) aus der Mitte: 1 MK rot (22) + je 1.-7.K rot (22)
li und re F3 rot (20) aus der Mitte: 1 MK rot (20) + je 1.-7.K rot (20)
li und re F2 rot (19) aus der Mitte: 1 MK rot (19) + je 1.-6.K rot (19) (beim 2. Knoten je zwei Unterfäden auf einmal umknüpfen)
li und re F1 orange aus der Mitte: 1 MK orange + je 1.-5.K orange (beim 1. und 4. Knoten je zwei Unterfäden auf einmal umknüpfen)

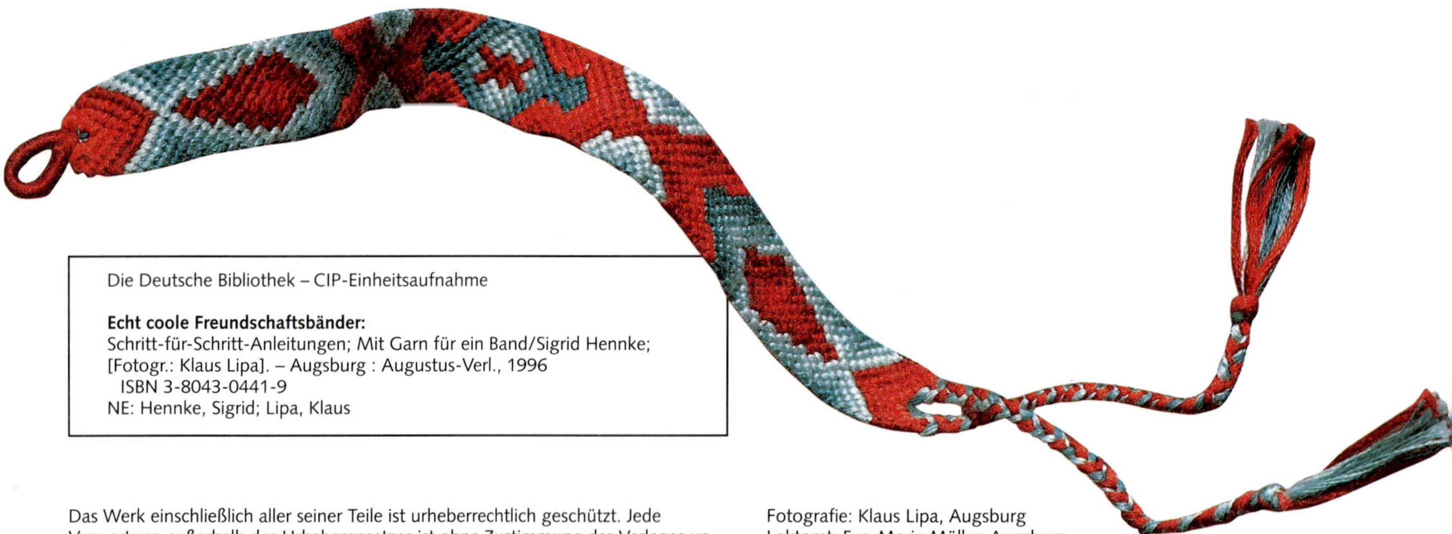

Die Deutsche Bibliothek – CIP-Einheitsaufnahme

Echt coole Freundschaftsbänder:
Schritt-für-Schritt-Anleitungen; Mit Garn für ein Band/Sigrid Hennke;
[Fotogr.: Klaus Lipa]. – Augsburg : Augustus-Verl., 1996
ISBN 3-8043-0441-9
NE: Hennke, Sigrid; Lipa, Klaus

Autorin und Verlag danken der Firma Coats Mez für das zur Verfügung gestellte Material.

Fotografie: Klaus Lipa, Augsburg
Lektorat: Eva-Maria Müller, Augsburg
Zeichnungen: Claudia Wiedenroth, Augsburg
Umschlaggestaltung: Christa Manner, München

Layout: Anton Walter, Gundelfingen

Augustus Verlag Augsburg 1996

Satz: Gesetzt aus 9 Punkt Syntax Roman in Quark-X-Press von Walter Werbegrafik, Gundelfingen
Reproduktion: Repro Ludwig, A-Zell am See
Druck und Bindung: Appl, Wemding

Gedruckt auf 120 g umweltfreundlich elementar chlorfrei gebleichtes Papier.

ISBN 3-8043-0441-9
Printed in Germany